聪明女人的投资理财课

Women
Finance

文静 / 编著

天津出版传媒集团

天津人民出版社

图书在版编目（CIP）数据

聪明女人的投资理财课/文静编著 . —天津：天
津人民出版社，2016.8
ISBN 978-7-201-10540-6

Ⅰ . ①聪… Ⅱ . ①文… Ⅲ . ①女性—财务管理—通俗
读物 Ⅳ . ① TS976.15-49

中国版本图书馆 CIP 数据核字（2016）第 138635 号

聪明女人的投资理财课
CONGMING NURENDE TOUZI LICAIKE

出　　版　天津人民出版社
出 版 人　黄　沛
地　　址　天津市和平区西康路35号康岳大厦
邮　　编　300051
邮购电话　（022）23332469
网　　址　http://www.tjrmcbs.com
电子信箱　tjrmcbs@126.com

责任编辑　陈　烨
装帧设计　天之赋设计室

印　　刷　北京溢漾印刷有限公司
经　　销　新华书店
开　　本　710×1000毫米　1/16
印　　张　16
字　　数　182千字
版次印次　2016年8月第1版　2016年8月第1次印刷
定　　价　35.00元

| 前 言 |

畅销书作家毕淑敏曾说过："优秀的女人少年时应像露珠一样纯洁，青年时应像白桦一样蓬勃，中年时应像麦穗一样端庄，老年时应像河流入海舒缓而气势磅礴。"而你必须明白，支撑这一切美好的都是财力，如果每天都为柴米油盐酱醋茶烦恼，又何来"笑看人间沉浮事，闲坐摇扇一壶茶"的闲情逸致呢？

所以说，女人一定要有钱，而且只能靠自己。金钱对于女人而言，作用更是明显，有钱和没钱的女人相比，两者的差别简直一个天上一个地下。

然而很多女人在结婚以后就开始当起了家庭保姆，久而久之，忘记了金钱对于自己的意义，从一个主动争取金钱的女人变成一个靠老公"施舍"的怨妇。在这个过程中，穷女人和富女人之间的不同境遇令人唏嘘不已。

当然，这并不是说有钱就有了一切，但是，钱确实可以让我们的生活好过些，让我们在和闺蜜逛街时、和同学聚会时，把那藏在心底的尊严显露在脸上。

现如今，女人想单纯地依靠男人来获得舒适生活的概率已经越来小，男人所带来的安全感已经越来越弱。女人必须改变自己的观念，放弃依赖，寻求自立，活出自我，活出精彩。这才是女人最可靠的生活方式。女人最大的安全感不是来自男人和他的钱包，而是我们自己的工作能力和投资理财能力。有了这些，我们还会怕失去一个对自己不忠诚的男人吗？

对于女人来说，与其一门心思嫁个有钱人，不如让自己成为有钱人。

笔者的初衷就是为了唤醒女人打理自己财富的意识，诱发女性创造财富的兴趣和习惯。本书为那些期望获得财富自由的女性提供了极为实用的中国式投资理财指导，为那些初涉理财投资市场或在其中迷茫的女性朋友指明了明确的行动方向。

在这本书中，有专为女性朋友量身定做的若干个日常理财投资小窍门，不仅通俗易懂、方便实用，还涵盖了投资理财所涉及的各个方面，能够帮助女性朋友在不影响自己生活质量、不压抑爱美之心的前提下，节省、创造更多的财富。

同时，为了使书中的投资理财方法更具指导意义，也使本书更具可读性，笔者在编写时精选了大量经典案例，用真实、典型的例子为大家现场演示，足以帮助大家在学习过程中透彻领会，从而在真正的投资理财实践过程中更加得心应手。

相信大家认真看完笔者的呕心之作，一定会爱上理财、善于理财，你的生活也会因此变得更加富裕、更加美好。

|目 录|

下辑　家庭理财面面观

上辑　投资理财一点通

1. 女人不理财，好彩不会来

守财女：钱越存，价值反而越小

有的人天生就是守财奴，富而吝啬，人们把这样的人称之为"钱罐"。最为大家熟悉的守财奴形象就是巴尔扎克笔下的葛朗台。像葛朗台这样的守财奴，守财守了一辈子，最终还是一无所获，什么也没得到。

作为女人，我们不应该成为一生只会抱着钱财睡觉的守财奴，我们需要爱护好自己，需要珍惜自己如花的容貌和流金般的岁月。如果有钱，但是却把钱存在银行里不动弹，让自己像一个贫穷的灰姑娘一样，想一想这是多么亏的一件事。更何况，安稳守财的时代早已经过去了，现如今的你，随时都可能面临失业、通货膨胀、金融危机等各种不可预知的状况！到时候，如果你的手头一无所有，很有可能会流落街头！

如果你是已婚女人，你不仅需要替自己的生活做好打算，替自己的未来做打算，还需要做整个家庭的理财师，让家里面的资金能够充分发挥它们的作用，而不仅仅只是让家人辛辛苦苦挣来的钱在银行里发霉。

这里有一个小故事，就是发生在一对守财奴夫妻身上。也许你看完之后，会有一些想法。

妻：老公，那钱放好了吗？

夫：老婆，放心吧，放好了！

妻：放哪儿呢？

夫：墙缝里呀！

妻：不是说放冰箱里吗？

夫：好好好，下星期放冰箱行不？

春夏秋冬，年复一年……五年之后……

夫：老婆，物价老涨，我们要不要拿钱出来去买房？

妻：老公，快来看呀，钞票都已经被老鼠咬烂了！

这就是最原始的存钱方式，也是金钱对不会利用它的人的一种嘲讽。现如今，在货币市场多变的情况下，还有人在不断重复这样的原始方式，以求得一份心安理得，只不过，原来的墙缝和冰箱现如今换成了银行。

在王丽铭看来，存钱是她生命中唯一的乐趣。她存定存，用最安稳妥当的方式认真细心地保管赚来的每一块钱。很多人劝她投资，但是她说风险太大，不考虑，赔掉本金谁负责？

正常人赚钱都是为了让自己的生活过得优越舒适，王丽铭却不，她以累积财富为人生的乐趣。就这样，她把小钱存成大钱，把大钱变成定存，再把定存生出来的小钱组织起来，成为大钱，周而复始，乐此不疲。

王丽铭很少买化妆品、新衣服，当然，别人送的除外，但是在大多数情况下她会转手把化妆品和新衣服卖出去，除非是滞销货品。她也很少吃大餐，当然，别人请客除外，如果量多的话，她还会打包回家。

如果女人做成这样，不知道还有什么意思；如果存钱存成这样，更不知道钱存起来还有什么意义？爱财没错，存钱也没错，但是爱财爱到这份上，爱财爱到对自己都一毛不拔，爱存钱胜过爱自己，这就不仅仅是对自己的轻视，更是对钱的蔑视。

确实，我们爱财，但是，我们不应该做守财奴，更不应该只是心安理得的存着钱。况且，钱都存到了银行里，通货膨胀之后，你的钱就等于是越存越少了！

敛财女：有赚钱的能力，没生钱的头脑

有的女人对于自己的钱财总是不闻不问；可是有的女人却对自己的钱财非常关心，敛财女就属于后者。这类女性大多数是精明能干的，甚至在很多人眼中成了"女强人"的代名词，可以说对于如何赚钱非常在行。

但是，在职场当中如鱼得水，对"赚钱"很有心得的她们，却往往忽略了"钱生钱"的巨大功效。

如果想要弄清楚如何才能迅速赚取更多的钱，其实最重要的一条原则就是让钱生钱。如果要问如何才能够让钱生钱，那么最好的方法就是投资。

注重投资，善于投资，才能够步入富人的殿堂。钱就好像水一样，只有让它流动起来，才可能带来更多的财富。如果你不看重投资，不善于投资，也许你不会整天为钱担心，但是你也很难成为"财女"。

王丹就是一个打心眼里都很反感理财的女强人，她认为理财属于投机行为，只有拼命工作才能够赚钱。王丹今年 32 岁，她是一家外企的主管，每个月的收入不少。她对自己也很舍得花钱，高档会所、健身中心、美容SPA、各类西餐厅都是她经常去的地方。另外，王丹还有一个爱好，就是

购买艺术品来装饰房间，每次出国都会带一些外国异域的艺术品回来。

说到理财观，王丹认为，女性的自信很大程度是来自于自身的收入，赚钱多自然花销也大。换句话说，赚取财富的能力是王丹追求物质生活的原动力。但是，王丹和身边很多朋友一样，很少去关心投资理财的事情，更没有多少投资的经验，特别是股票、基金等投资方向，王丹也想尝试，但是却难以涉足。主要原因：一是王丹的工作非常忙，很难有时间去好好了解；二是王丹平时赚的钱也不少，对于她而言不需要通过投资理财积累财富。

虽然王丹很少关注投资理财，但是让她自己觉得非常满意的一项投资就是在 2006 年购买了一套自住房，当时房子的总价是 120 万，而现如今房价已经翻了三倍。眼下，王丹还有 5 年的按揭贷款需要还，但是还贷几乎没有压力，每月仅需要还不到 5000 元，而王丹手上还有 25 万元的存款。

王丹和周围很多成功的女性一样，她追求的目标是事业有成、享受生活，希望能够通过高收入满足自己的物质需求。可是从投资理财的角度而言，王丹很明显进入了一个误区：注重赚钱，轻视理财。

虽然王丹积累了一定的财富，但是运用其获益是比较低的。因为王丹的资产结构是不合理的：活期存款金额过高，而存款利率较低，这一部分资金并没有被有效地利用。王丹对股票、基金充满了好奇，也很感兴趣，但是由于时间不够充裕，自己先否定了这两类投资。

正所谓"不要把所有的鸡蛋放在一个篮子里"，任何理财投资产品都是存在一定风险的，而进行多元化投资则是一种有效规避风险的方法。但是选择什么样的篮子是要因人而异的，一定要把鸡蛋装在自己熟悉的篮子里。

而作为本身就收入不菲的"敛财女"们，必须对自己的财富进行多元化投资，在将投资风险降到最低的同时稳步增加自己的财产，从而达到理

财收益的目的。

实际上，对于工作时间紧张的职场女性而言，投资一些中长期看好的股票，也是相当不错的选择。

同时，像王丹这样的女性也可以尝试一下基金定投。因为这种投资渠道对于时间的要求并不高，在买进之后不需要时时刻刻去关注大盘的变化。当然，在选择基金的时候，"敛财女"也需要谨慎，在进行选择之前多做一些研究，比如看一下基金的历史业绩、排名、团队研究能力、资金池大小等多项标准，进行综合评判。

此外，在投资的过程中，"敛财女"还应该减少活期存款的比重，将更多的资本投资于本金安全而且收益率较高的理财产品。债券型理财产品的年化收益率为2%～3%，贷款型理财产品的年化收益率在4%左右，这些都高于银行同期存款利率，有利于提高她们的资金收益率。

像王丹这样事业有成的女性，通常属于高学历、高智商、高收入的"三高"人群，这些因素也间接决定了像她一样的"敛财女"在艺术上的修养和鉴赏能力要高于其他女性。就好像上面提到的王丹有收藏艺术品的爱好。

其实，"敛财女"也可以在艺术品投资方面动动脑筋，毕竟有兴趣的投资才能够产生更多的收益。在平时，"敛财女"可以经常逛一逛自己喜欢的拍卖行，拍一些价格不贵的艺术品，特别是一些中青年画家的作品，即可以用来欣赏，也有一定的升值空间。

总之，在投资理财的过程中最为重要的是保持一个好心态，投资理财不论多还是少，一定要以一颗平常心对待，千万不要贪婪、急躁、盲目。

败财女：钱都败光了，拿什么赢未来

现如今，很多白领女性、单身贵族，甚至是年轻的妈妈，因为一些错误的消费习惯最后成为"月光族""透支族"，甚至有的女性还成为债台高筑的"负债族"。所以，抛弃错误的消费习惯，学会做一个"啬女郎"，这也是女性朋友在理财投资中一个非常重要的课题。

聪明的女人不会用购物发泄坏情绪。女人通常会有很多的情绪起伏和波动，但是不知道是社会风气使然，还是由于强烈的自尊心，大家往往都习惯在别人面前披上一副面具，隐藏起内心真实的感受。于是，当情绪积压到某一个无法承受的限度时，就会寻求一些比较极端或疯狂的方式来宣泄，不仅伤身、伤财，甚至在有的时候还会不小心伤害到身边的其他人。

我们都知道，过分地压抑情绪就会造成心理上的沉重负担，却又不知道该如何卸下脸上那张戴得太紧的面具。因此，有人选择跑到人声嘈杂的地方逃避面对自己，花了一大堆钱买了一堆东西，想着能够通过买东西"买"回一点儿快乐，可是结果呢，每当看见那些东西时，也许又勾起了自己那些不快乐的回忆。

我们在调查中经常会发现，女人心情低落的时候总是和逛街脱离不了关系。也许女人的购物欲和男人的烟瘾一样，是一种情绪的转移。

有很多女性朋友，她们的情绪变化往往很外露。如果哪天换了一个新发型，戴了一对新耳环，穿了一件新皮裙，买了一个新手包，或者和一

大群朋友到 KTV 唱了一夜的歌，她的答案很可能是："我只是心情不好而已。"

曾小蕾和交往了很多年的男友分手后刷爆了几张卡，买了一大堆的东西，她想通过这样的方式来填补心里的那份失落。可是结果呢？曾小蕾真的成功地转移了悲伤，重新找回快乐了吗？显然是没有。每当听见一首和她遭遇相近的歌曲的时候，她又开始发狂地刷卡。

在美国，也有一位叫玛丽的女网友，由于自己刷卡刷爆没钱还，居然异想天开，自己建了一个网站，呼吁全世界的网友捐钱给她——"请大家救救玛丽"，而且让她没有想到的是，在 3 个月里，玛丽收到的捐款已经多达一万多美元。

用血拼来发泄坏情绪的女人并不在少数。在刷卡的时候，她们的情感早就战胜了理智。其实，抱着大包小包的"战利品"回到家里之后，她们就会发现那些导致心情低落的原因和问题并没有消失和解决，反而又因为经济状况出现了问题而增添新痛。因此，依靠疯狂购物来转移情绪的做法绝对是不可取的。

其实，在心情不好的时候，我们应该试着让自己冷静下来，休息一下，再想一些其他方法重新出发；沮丧的时候，可以找一个谈得来的朋友聊聊；悲伤的时候，可以去看一场感人的电影大哭一场，或者和好友相约到户外走走，大口地呼吸新鲜的空气，再找一个健康而又积极的方法调整心情，并且适当地释放压抑的情绪。总之，生活是可以随性的，但是却不能够任性。

缺财女：再不学习理财，一辈子都会缺财

守财女、敛财女、败财女基本上都可以归于一类，她们有一定的资金来源，手头富裕。而与之相反的，还有这样一类女性，她们总感觉手头没有多少钱，自己的生活一直处于缺钱的状态，这类女性就被称为"缺财女"。

齐小姐是一家房地产公司的会计，她每个月收入3000元左右。她的收入在她所在的城市还算比较富裕，但是齐小姐却一直处于缺钱的状态。

为什么会出现这种状况呢？原来齐小姐是一个爱玩的人，每到周末她都会约上好姐妹去逛街吃饭，而且在逛街的过程中只要是看见自己喜欢的东西，哪怕超出了自己的购买能力，也会毫不犹豫地拿出信用卡购买。再加上齐小姐是和父母一起居住，不用负担房租和水电费，所以一直感觉自己生活很轻松，没有什么压力，也没有想过要存钱。

可是后来，在一次同学聚会上，当同学们聊起理财话题时，个个侃侃而谈，就齐小姐没有发言权，这让她当时很没有面子，于是，她下定决心开始理财。

其实，最会投资理财的人自己根本就没有多少钱，他们纯粹是通过借钱来进行投资，而且还不会给任何人带来损失。"借鸡生蛋"是每一位投资者都喜欢选择的发财方式。在年初借人家一只母鸡在一年中下了100个蛋，到了年底，将鸡还给人家的时候，还拿50个蛋作为利息给他，结果自己还赚了50个蛋。但是，如果不去借鸡，可能到年底一个鸡蛋也没有。

也许有人要问，人家一年能下100个蛋的鸡为什么愿意借给你来下蛋呢？理由就在于，那个鸡的主人根本就不会喂鸡，如果他自己亲自喂一年只能下20个蛋，现在借出之后，不但不需要自己喂养，而且多得了30个蛋，此等美事，何乐而不为呢？

信用卡就是最有效的借钱工具，"先消费再还钱，免息期最长56天"，现如今很多银行都推出了信用卡这一业务，这样的方式也得到了大家的认可。当很多人还停留在刷卡消费、到期还款的阶段时，很多"财女"却早已经学会利用信用卡赚钱了。

信用卡是有免息期的，在免息期里银行的钱等于是白借给你的，这正是一笔得来全不费工夫的本钱。一般信用卡的免息期都在25～56天，从理论上说，完全可以利用这段时间把里面的钱挪用到其他投资渠道上让钱生钱。

在投资的渠道上，由于资金的安全性要求很高，所以齐小姐选择了几乎没有任何风险的货币市场的基金。这种基金进出是不需要手续费的，而且方便快捷。目前，货币基金的年化收益率大约为3%～4%，相当于一年的定期，你只需要把钱投入其中，就能够轻松赚利息了。这对于"缺财女"而言，是一种很好的投资方式。

有很多"缺财女"提出疑问，怎么样才能够把钱从信用卡中"套现"呢？现如今虽然有很多非法套现的渠道，但是这些是万万碰不得的。我们只需要变通一下，就可以合法而轻松地达到目的了。

一般可以采用的方法是，与银行签订定期申购协议，每月只留下一小部分备用现金，将其余工资收入全部转入货币基金中。日常消费时，能刷卡的地方尽量刷卡，在还卡账的前几天通过网上银行把要还的金额赎回。同时可以在信用卡上绑定工资卡作为还款账户，等赎回款回到工资卡时，银行到期会自动把信用卡欠款从工资卡上划走，免去跑银行的奔波之苦，这样就能够轻松赚取高出活期的很多利息了。

当然，除了信用卡，我们还有其他方法来"借鸡生蛋"，而这也是需要技巧的。我们想要比较顺利地"借鸡生蛋"，必须要注意以下几点：

一、恪守信用

一个不守信用的人是很难借到钱的。正所谓"有借有还，再借不难"，一定要不断为自己积累良好的信用记录。当你不需要钱的时候，你可以试着去尝试一下自己的借钱能力，你借的钱也许用不上，但是却可以帮助你建立信用记录，而你的信用记录对于你未来的投资一定会有积极的影响。

二、有良好的心态

在这个世界上，任何一个不会借钱的人几乎就是不会理财的人，至少可以说不是理财的高手。再有钱的老板也会借钱，包括李嘉诚。李嘉诚有100亿元的现金，但是他现在准备投资一个200亿元的项目，这个时候，他同样也要去银行借款100亿元。很显然，他不可能等到自己赚到了100亿后再去做那个项目。也正是因为如此，李嘉诚非常喜欢去银行借钱，因为他有了这笔钱就可以赚更多的钱。当然，银行也很喜欢借钱给李嘉诚，因为可以得到很多的利息。

三、借任何人的钱都要付利息

很多人都会忽视这一点。其实这一点是至关重要的。我们绝大多数人都是趋利的，哪怕是很好的关系，如果人家觉得借钱给你无利可图，那么你下次将很难再借到钱。利息当然不能太高，也不能太低，而且还需要随着你的实力和你的信用增高而递减。对于刚刚创业的人而言，年利率10%是比较合适的。

四、借钱说明用途

因为你的亲戚和朋友肯定会支持你去干值得干的事业，如果是借钱赌博，那么谁会借给你呢？

五、学会"化整为零"

如果你想要借 10 万元去创业，那么你肯定不能向任何一个人开口说借 10 万元。如果这样，那么你是很难借到 10 万元。你必须将 10 万元分解成两个 5 万元，或者 3 个 3 万元加 1 万元等，以这样的形式再去借。

而且需要我们特别注意的是，"缺财女"在用借鸡生蛋这种方式理财时，必须要树立正确的观念，一定要明白透支信用卡消费或者借别人的钱终究不如自己的钱，在规定期限内还是要还回去的，千万不能够为了投资而负债过度，增加了自己的还款负担。

另外，还必须要计划好还款的期限，投资计划不要做得太紧凑，还款前要预留几天时间方便资金周转，一旦超过了最后还款期，将产生高额的利息成本，到时候很有可能得不偿失。

最后，要注意投资渠道的可控性和收益性，确保资金的安全和有一定收益是决定你理财成败的关键。

晕财女：没有合理规划，钱财越理越乱

"财女"一词主要是用来赞美财商高的女性，而"晕财女"可不是好词，它主要是指那些与财富没有缘分的女性。一个"晕"字就说明了，这类女性在财富面前晕头转向，对于投资理财没什么概念。

刘小姐和很多年轻女性一样，是典型的"晕财女"，对于理财一窍不通的她，要其制订出自己的投资理财计划，可以说比登天还难。

刘小姐今年 24 岁，她已经工作快三年了。每月月薪不到 5000 元，虽然不算很多，但是完全可以满足她自己的日常开销。可是让刘小姐不满意的是，她除了一些被套牢的股票之外，几乎没有其他的存款。而且这两年她还打算结婚，想想结婚的开支，刘小姐顿感压力倍增。

刘小姐干过最没头脑的一件事情是她一口气办了 8 张信用卡，而办这么多卡的目的就是为了小小的赠品。由于刘小姐平时没有记账的习惯，结果最后信用卡出了问题，多次欠费逾期，她不得不缴纳高额的利息罚款。

在 2012 年初，刘小姐和几个业余炒股票的朋友一起炒股，这是她第一次尝试炒股，可是没想到被套牢了。原因很明显，主要是因为刘小姐对股票了解很少，自己也没有主见，完全都是听从朋友的意见。其实，这种听从朋友意见的方式在牛市时是没有问题的，但是如果遇到熊市就会赔得很惨。

刘小姐也知道自己炒股经验不足，但是她又舍不得离场。就这样，她还持续关注着，结果许多股票的技术指标到了她的手里，就成了乱七八糟的糊涂信息，她自己也很是郁闷，真不知道如何才能够走出目前投资理财的困境。

对于像刘小姐这样的年轻女性，首先要正视自己的理财需求，这是克服"晕财"的第一步。刘小姐和一般的"月光族"不同，她是有理财愿望的，而且她很清楚自己在将来的婚礼中开支很大，也感到压力。可是，由于种种原因，刘小姐缺乏居安思危的观念，她没有进行仔细地分析和计划，出现了不好的结局。

其实，刘小姐完全可以找一个信赖的人帮助其管理财富。如果不想让其他人管理自己的财富，那么就要尽早学习理财知识，多看一些股票的书籍。当然，如果是天生就缺乏理财天赋的女性朋友，最理想的办法就是寻找一家专业的理财机构来为你量身定做理财计划。

从刘小姐本人的角度而言，应该先对自己的财务状况有一个明确的了解，要清楚自己的收入和开支，确定自己的价值观和理财目标，并且制订理财计划，参照实施。在平时一定要养成记账的好习惯，特别是对于"晕财女"而言，每天记账是很有必要的。与此同时，刘小姐还必须要考虑到结婚的开支等一系列未来的财务支出。就刘小姐目前的收入来看，她想要买房是不具备能力的，所以眼下只能节省开支，增加储蓄，等有了一定资金基础之后，再进行有效的投资理财。

那么如何寻找适合自己的专业理财机构呢？从目前的市场看，提供专业化理财服务的机构很多，包括银行、基金、第三方理财机构等，当然，提供的产品也各不相同。考虑到刘小姐的资金情况，比较合适的投资渠道应该是基金定投。

目前大多数基金公司的基金定投门槛是比较低的，有一些基金定投的标准已经低至100元，所以，这对于刘小姐而言是很合适的。

与此同时，银行目前销售的理财产品种类也很多，比如挂钩信贷资产、债券、票据，也有个别新产品。当然，银行的理财产品门槛比较高，通常最少是5万元。但是银行销售的投资理财产品大部分是保本的，资金的安全性有保障，所以，刘小姐有一定资金基础之后，可以选购银行产品。

作为"晕财女"，一定要多咨询专家，听从专家的意见，从而制订合理的理财计划。不管是基金定投还是银行理财产品，在销售的过程中都会有专业的客户经理或者理财师为您提供建议的。而作为投资者，我们需要在充分信任客户经理和理财师的基础上，介绍自身的状况，包括大概的收入情况、资金状况、家庭成员的基本情况、职业情况以及当前的保险保障状况、身体健康情况和投资经验。

找专业人士帮助你打理投资理财产品的好处就在于，他们可以利用专业知识给你提供很好的建议。通常情况下，理财师都会根据你提供的情况进行分析，对你的财务状况、理财计划等进行诊断，从而做出正确的指导。

当你对理财师的相关计划认可之后，一定要按照计划书的内容执行，千万不要出现"制订归制订，不按其做"的情况。你必须与理财师密切配合，建立一种互相合作、互相信任的关系，这样你才能够取得最大的收益。

特别是当你的情况与制订的计划发生了变化，包括家庭状况、职业状况、收入状况和健康状况等，都必须及时通知理财师，让理财师对投资规划进行调整，或者科学地调整投资目标，从而保证你的投资目标的实现。

准财女：你现在最缺少的，就是理财的头脑

现在你很有钱，并不代表你以后还会有钱，当然，现在没钱，也不代表你将来就不会有钱。当你有钱的时候，你要懂得克骄勤俭，这样才能够保证你的财富不会减少，还有可能会越来越多；在你没钱的时候，你要进行分析，找出自己没钱的原因，到底是你不会理财，还是自己赚得太少，还是你的开销过大。即使你是后者，也不要担心，只要你能够认真规划，做好个人投资理财，那么你一定可以变成一个"准财女"。

投资并不简单，它需要你的灵感、悟性、经验等，但是更离不开你的思考。其实，职场女性的幸福生活永远与自己和家庭的财务状况密切

相关。

　　曾经有一位理财专家说道，女人的战场不在厨房，也不在办公室，而是在女人的私人银行里面。他还说，越早理财，收益的概率越大。

　　不管是刚刚进入职场的女性，还是已经获得高薪的女性，她们都有一个共同的目标，那就是为了自己幸福的生活学会理财，管理好钱包，让自己成为一名"准财女"。

　　投资理财是一种思维，而市场的涨跌其实是这种思维的本质表现形式。我们在把握市场思维的同时，也就开始把握了自身的操作了，我们更应该去关心或者说去预测未来的涨势。实际上，在如今这样一个变化多端的市场当中，最关键的是如何利用现有市场去赚钱，之后才是如何进行市场的判断。这其实也是一种投资思维的体现，当然，很多时候预测者的预测并不准确，这就是因为考虑得不够全面，从而失去了很多投资的好时机。

　　投资思维可以说比投资技术更重要，如果你想成为"准财女"就必须清楚地认识到这一点。只有当你具备了良好的投资思维，才能够灵活运用各种投资理财工具，从而为自己的财富添砖加瓦。因此，想要成为"准财女"，必须锻炼自己的投资思维。

　　近些年的理财市场呈现出千树万树梨花开的局面，值得欣喜的是，我们可以看到一些先进的理财观念的引入，理财已经不再是少数人的专利，被越来越多的老百姓所接受，甚至成为大家日常生活中不可缺少的重要组成部分。我们只有具备良好的理财观念，才能够科学、合理地制订自己的理财计划，才能够实现家庭财务的自由，才能够有效抵御通货膨胀的危机，才能够让我们更幸福地生活。

　　作为"准财女"，完全可以凭借自己的智力，或者说理财思路和经验来提升自身的理财思维。我们会发现，有很多经验充足的理财大师，比如巴菲特、索罗斯等，他们成功的投资理念和思路都是经过多年实践获得的。世界上没有一条通往成功的捷径，成功永远都青睐于探索和钻研的人们，所以，我们只有善于学习前辈们的投资理财经验和技能，才能够把经验和技能真正转化为自己的财富。

其实，当我们在学习和汲取大师们投资理财经验的时候，再反过来看自己走过的投资理财道路，就相当于站在巨人的肩膀上，我们对成功会更有信心。而且，理财是一辈子的事情，正所谓"赚钱不在今天"，让自己形成长久的理财观念才是重点。

实际上，在我们人生的不同阶段，理财的策略和重点是不一样的。20岁的理财目标是坚持向"月光族"说不，巧妙使用信用卡等新兴的工具为自己的钱包"添柴火"；30岁的主妇需要统筹全家的开支，应该广泛尝试各种投资，即使稍微有些风险也不要害怕；40岁的女性要善于积累财富，开拓自身的投资思维，对财富保值增值，为自己的晚年生活做准备。如果你想真正成为"准财女"，那么你就需要根据不同时期的投资理财重点来设定目标，让你的投资思维能够快速适应投资理财的目标。

从现在起，打造自己的投资思维，让自己成为一位名副其实的"准财女"，为自己的"财女"之路做好一切准备吧。

2. 踏上"钱途"做"财女"，有钱的女人最幸福

压力太大，是因为没有理财规划

你自己好好想过吗，你每天的生活幸福吗？

在这样一个竞争压力极大的时代，到底有多少人曾经想过这样的问题，又有多少人想过之后只能无奈地叹一口气。

当下，工作和生活压力越来越大，生活节奏越来越快，人际关系也越来越复杂。除此之外，还有各种各样的诱惑，以及让我们很多人特别是年轻人为之发愁的住房问题、物价问题等。

当我们面对这些问题的时候，你还敢对自己的生活有过多、过高的要求吗？越来越多的人只是想找到一份安稳的工作，只为给自己一个基本的生活保障，但是，即使是这样，大家过得也不轻松、不快乐，幸福就更别说了。

随着社会经济的快速发展，我们不能否认，人们的生活水平越来越高，发生了翻天覆地的变化，可是，你有没有思考过，为什么你的生活压力会越来越大呢？为什么在生活中总是会有各种各样的经济困难接二连三

来到你的身边？

让我们看看身边的人，有多少人从早到晚忙得不可开交，但是他们却意志消沉，在他们的身上感觉不到生活的快乐、工作的乐趣。

其实，这里有一个很重要的原因被很多人忽略了。在很多时候，我们感受到巨大的生活压力，这是因为我们一直都缺乏合理、正确的规划。而在现今的经济社会中，什么才是合理、正确的规划呢？那就是理财。

当然，这里的理财绝对不是我们通常所说的一种狭义的生意经、投资窍门，而是对我们人生财富的管理。

因此，换句话说，所谓的投资规划，也仅仅只是我们人生规划当中很小的一部分。

但是，理财绝对不是一件简单的事情，我们必须进行学习。你早一天学习理财，你就能够早一天从巨大的生活压力当中解脱出来。

虽然，我们不能够完全把"理财"和"幸福"直接划上等号，可是没有人会否认，当你懂得理财、学会理财，摆脱了那么多沉重的经济负担之后，你就会与轻松、愉快、幸福大大地拉近距离。

俗话说得好，"人无远虑，必有近忧"。为了能够让我们一生都平安顺利，我们必须具备足够的危机意识。因为在如今的社会当中，远虑近忧，各种各样的问题可以说一直都清晰地摆在每一个人的面前，而且几乎没有断过。比如以下几大问题，相信让不少人为之发愁。

一、你买得起房子吗

当下，买房子的成本变得越来越高，我们加薪的速度已经远远落后于房价的增速了。当你认真仔细计算之后，你会发现，自己有可能需要不吃不喝二三十年才能攒够买一套房子的钱。这个时候，你觉得自己的压力大吗？即使你选择了按揭贷款的方式来购买房子，可是每个月支付的贷款利息对于很多上班族来说也是一个很沉重的经济负担。

二、你为孩子准备了足够的学费吗

除了房子，现在教育的成本也变得越来越高了。虽然现在大学在不断扩招，对于孩子而言考大学变容易了，可是如果没有足够的钱，读大学也是非常困难的。再加上大学的学费也在不断上涨，你目前的薪水能够供得起孩子上大学吗？如果你现在还不能够未雨绸缪，等到真正孩子上大学的那一天，你恐怕就要为孩子昂贵的学费心力交瘁了。

三、你想过自己的养老费吗

这一问题可能是很多年轻人从来都没有思考过的。如果你问她们，她们肯定会说，不是有养老金吗，将来不是还有退休金吗。中国有句古话"未雨绸缪"，我们有必要为自己的日后生活提前做准备。

在过去，由于当时的存款利率高，通货膨胀小等各种因素，退休金确实还可以让人们基本维持自己的生活水平。可是现如今已经不同了，物价正在逐年上涨，而按照目前的状况进行分析，我们今天的年轻人等到退休的时候，所领到的退休金不足以维持现在的生活品质。那么在这种情况下，你想象一下，依靠这样的退休金养老，你能安心吗！

四、你会不会看不起病

最近些年来看病难、看病贵已经成为社会不和谐、不稳定的重要因素之一。老百姓口中常说这样一句话："没啥别没钱，有啥别有病。"这是老百姓害怕生病的真实写照。

如今高额的医药费、住院费已经成为我们日常生活中的重要开支。有时候一个普通的小感冒，一进医院就要花费几百、上千元。一些重大疾病的花费更高，所有这些，让我们不得不从当下就开始做好理财的规划。

其实，以上我们仅仅只是列举了四个方面的问题，但是，就是这四个问题，也足以让我们感受到自己未来所面临的压力。

虽然形势严峻，但是我们也不要慌张，应对这些未来的危机最好的办法就是学会理财。如果你想让自己的人生可以从容地应对各种各样的危机，从现在开始，一定要做好你人生当中不同阶段的理财规划。

存款绝对不能成为你的唯一

由于我国还未建立起比较完善的社会保障体系，人们面对高房价、看病贵、教育贵、出行贵等社会问题时，绝大多数人都选择了储蓄来进行自我保障。但是，大家忽略了一个问题——通货膨胀的存在。假如你是工薪一族，每个月将所有的剩余工资都存进银行，那么你会越来越穷，因为银行的存款利率跑不过通货膨胀，你的钱会不断贬值。举个生活中常见的小例子说明一下，上个月白菜是 0.5 元 / 斤，这个月就涨到 1 元 / 斤了，而银行的存款利率并没有上调，仅有的那点儿存款就好像蜗牛一样在原地踏步。那么，我们存起来的钱，其实用价值是多了还是少了呢？

说到这里，想给大家讲一个小故事：

以前，有一个很有钱的富翁，他准备了一大袋的黄金放在床头，这样他每天睡觉时就能看到黄金，摸到黄金。但是有一天，他开始担心这袋黄金随时会被歹徒偷走，于是就跑到森林里，在一块大石头底下挖了一个大洞，把这袋黄金埋在洞里面。富翁隔三岔五就会到埋黄金的地方看一看、摸一摸。

有一天，一个盗贼尾随这位富翁来到森林中，发现了这块大石头下的黄金，第二天他就把这袋黄金给偷走了。富翁发觉自己埋藏已久的黄金被人偷走以后，伤心欲绝，正巧森林里有一位长者经过此地，他了解到事情的始末以后，对这位富翁说："我有办法帮你把黄金找回来！"话一说完，这位长者立刻拿起金色的油漆，把埋藏黄金的这块大石头涂成黄金色，然后在上面写下了"一千两黄金"的字样。写完之后，长者告诉这位富翁："从今天起，你又可以天天来这里看你的黄金了，而且再也不必担心这块大黄金被人偷走。"富翁看到眼前的场景，半天都说不出话来……

可能有人没看懂，认为这个长者的脑子有问题，在自欺欺人。其实不是这样的，长者是想告诉富翁，如果金银财宝没有拿出来使用，那么藏在洞穴里的一千两黄金，与涂成黄金样的大石头就没什么两样。

当然，这也不是说叫我们把钱全都拿出来投资，一个人手头没有活动资金，不仅心里没有安全感，遇到紧急情况也确实会手忙脚乱，我们可以将自己的收入进行合理分配，大致分为：应急钱、养命钱和闲钱。我们将应急钱和养命钱存在银行里，给自己的生活保障加上一个保险锁，而那部分闲钱就可以用来"生钱"了。

真正聪明的人，不但懂得如何挣钱，更懂得如何去使用钱。他们能够将自己的资金变成"活钱"，让它尽快也尽可能多地增值，而不是贬值。

我们对赵文卓的认识大多来自他出演的影片，很少有人了解他的投资经历是怎样的。赵文卓曾向媒体记者透露，其实他是一个很喜欢投资的人。

"我还记得，自己第一次买股票是在 1997 年前后，那时内地企业大量在香港上市。有一次我去谈剧本的时候，大家聊天说到股票，有朋友就跟我说，你也买点儿嘛。我那时也没有自己的账户，就用别人的账户买了。之后，我们就进屋去谈剧本去了，等两三个小时之后出来，那人跟我说'你的股票涨了'。我说'那就抛了吧'，结果就赚了几万块钱。我还记得那天买的是中石油的股票。"

接着，赵文卓又谈到了巴菲特，他说："巴菲特6岁开始理财，每月存

30 美元，13 岁时他有了 3000 美元，买了一只股票。年年坚持存钱，年年坚持投资，十年如一日。他坚持了五十多年，结果比微软的比尔·盖茨还有钱。所以我不建议把钱都存到银行里，因为银行给的存款利息太少了。"

"不只是股票，我一直在房产和其他方面都有一些投资，比如餐厅啊，工厂啊什么的，都有跟朋友合作一些，在广州还跟朋友合作开了一家甜品店。我就觉得投资和理财这个东西，虽然要靠眼光和运气，但很多时候也是可控的，只要你的理财功夫深就可以。"

人生财富的积累应是由挣钱向赚钱的转变，即由依靠工资收入转变为投资理财收入，特别是随着年龄的增长，我们应该越来越重视投资理财收入。也就是说，当有一部分资金可以运用以后，我们应该通过合理的调度和调配再获得更多的财富。否则，如果不能将工作收入合理规划，随意挥霍，任其贬值，那么我们永远也无法过上富裕的生活，更谈不上实现财务自由。

也不要以为自己不具备投资头脑，其实，成功的投资者也不是天生的。如果你还年轻，你就应该尽早开始。从投资到承担风险将是一个过程，只相信自己的运气是靠不住的。失败并不可怕，可怕的是你从未开始。

挣得再多，不如懂得理财

很多关于金钱的传说，都在于人们相信阻碍致富的首要因素就是挣得少。所以，如果对女人就"如何改善将来的经济生活"进行调查，你会发现大部分女性都会回答："挣更多的钱。"

但是，挣更多的钱就会致富的观点显然是错误的。当然，如果你有了足够高的收入，并且你的花销还不是很大的话，那么你确实不用担心没钱买房、买车、结婚，因为你已经有足够的钱来解决这些问题。但是，这样你就真的不需要理财了吗？要知道，理财跟挣钱通常是相辅相成的，一个有着高收入的人更应该有好的方法来打理自己的财产，为进一步提高生活水平，或者为下一个"挑战目标"而积蓄力量。

　　赵丽娟在一家私企工作，经过几年的拼搏，手头上总算是攒了一些钱，但是想要买车、买房子还是不够的。看着身边的人都开始用自己空闲的时间和金钱理财，赵丽娟却这样想："会理财不如会挣钱，总是那样舍不得吃、舍不得穿的日子过得有什么意思。"但是随着时间的推移，她的同事都已经有房有车了，她却还是什么都没有。

　　余淑英在一家房产公司当设计人员，平均每个月有 5000 元的收入。和大多数精打细算花钱的女性不同，余淑英挣钱不少，花钱也很多，有钱的时候俨然就是奢侈的款儿，什么都敢玩，什么都敢买，而等到没钱的时候就一贫如洗、借债度日——拿着丰厚的薪水，却打起贫穷的旗号。在别人眼里，她可能是一些低收入者或者攒钱一族的羡慕对象，可是实际上，她的日子由于缺乏计划，过得并不怎么"潇洒"。甚至余淑英都"不敢"生病，因为她害怕每个月还信用卡日子的来临，更不敢和大家一起谈论自己的"家庭资产"，遇到深造、结婚等需要花大钱的时候，她就会着急上火，急得嘴上起泡，有的时候捶胸顿足、痛哭流涕：心想："天呀，我的钱都上哪儿去了？"

　　我们从上面的两个例子可以看出，在生活当中，有的女性挣的钱并不少，但是一谈起家庭资产的时候，就发现自己挣的那么多的钱不知道去向。由此可见，会挣钱不如会理财，一个女人再能挣钱，如果她不会理财，那她挣的钱最后都会给别人，不会成为自己的，因为她总是挣多少花多少，自然永远不会拥有属于自己的钱。

那么，如何才能够改变这种毫无积蓄的处境呢？针对这种现实情况，会理财的人们总结出了以下经验：

一、量入为出，掌握资金状况

对于收入多的女性而言，首先要建立理财档案，对一个月的收入和支出情况进行记录，看看"花钱如流水"到底花到了什么地方。之后再对开销情况进行分析，哪些是必不可少的开支，哪些是可有可无的开支，哪些是不该有的开支。俗话说"钱是人的胆"，没有钱或者是挣钱少，各种消费的欲望自然就会小，手里有了钱，那么消费的欲望就会立即膨胀。因此，这类人首先要控制消费欲望，特别是要逐月减少"可有可无"以及"不该有"的消费。

二、强制储蓄，逐渐积累

等发了工资之后，可以先到银行开设一个零存整取的账户，每个月发了工资，第一步要考虑的就是到银行存钱；如果存储的金额较大，也可以每个月存入一张一年期的定期存单，那么一年下来就可以积攒 12 张存单，需要用钱的时候也可以非常方便地支取。除此之外，现在很多银行都开办了"一本通"业务，可以授权给银行，只要工资存折的金额达到一定数目的时候，银行就可以自动将一定数额转为定期存款，这种"强制储蓄"的办法，相信一定能够让你改掉乱花钱的习惯，从而不断积累个人资产。

三、主动投资，一举三得

如果当地的住房价值适中，房产具有一定增值潜力，那么就可以办理按揭贷款，购买一套商品房或者是二手房，这样一来，每月的工资首先应该偿还贷款本息，减少可支配的资金，不仅能够改变乱花钱的坏习惯，节省了租房的开支，而且还能够享受房产升值带来的收益，真可以说是一举三得。还有就是每月可以拿出一定数额的资金进行国债、开放式基金等投资，这样的办法也是非常值得白领们采用的。

四、不要盲目赶时髦

追时髦、赶潮流是现代年轻人的特点，当然这也是需要付出代价的，你的手机刚换成 Iphone 6S，我明天就换个 Mac Book 等，非常明显，你辛辛苦苦赚来的工资就在这种追求时髦的过程中打了水漂。其实，高科技产品更新换代的速度是非常快的，这种时尚你永远也追不上。

因此，作为新时代的年轻女性，更好地享受生活本是无可厚非的，但是任何事情都需要讲究适度、讲究科学，只有会理财才能让钱生钱，千万不要让挣钱就是为了花费的观点蒙蔽了你的眼睛。

靠打工，你基本成不了女富翁

财富的积累必须靠资本的积累，更需要依靠资本的运作。我们只有通过有效的投资，让自己的钱流动起来，才能够较快地积累一笔可观的财富。

一般而言，创造财富的途径主要有两种模式：第一种是打工。据统计，目前依靠打工获取薪资的人占 90% 左右；第二种就是投资。目前这类群体占总人数的 10% 左右。

一些专业人士对创造财富的两种主要途径进行了分析，发现了一个非常普遍的结果：如果靠投资致富，财富目标则比打工的要高得多。比如，具有"投资第一人"之称的亿万富豪沃伦·巴菲特就是通过一辈子的投资致富，财富达到 440 亿美元。还有沙特阿拉伯的阿尔萨德王储也是通过投资致富，他现在五十多岁，但是早在 2005 年，他的财富就已达到 237 亿美元，名列世界富豪榜前 5 名。

通常而言，在个人创造财富方面，比起投资，打工能够达到的财富级别是非常有限的。但是打工所要求的条件和"技术含量"是比较低的，而投资创业则是需要一定的特质和条件，所以，绝大多数人还是选择打工，并且愿意获取有限的回报。可是事实上，投资是我们每一个人都可为、都要为的事。从世界财富积累与创造的现象分析来看，真正决定我们财富水平的关键，不是你选择打工还是创业，而是你选择了投资致富，并进行了有效的投资。

巴菲特曾经说过，一生能积累多少财富，并不取决于你能够赚多少钱，而是取决于你如何投资理财。李嘉诚也说过，20 岁之前，所有的钱都是靠双手勤劳换来的，20 岁至 30 岁是努力赚钱和存钱的时候，30 岁以后，投资理财的重要性就开始逐渐提高。因此，李嘉诚有一句名言："30 岁以前人要靠体力、智力赚钱，30 岁之后要靠钱赚钱。"说的就是投资。

钱找钱，胜过人找钱，要懂得让钱为你工作，而不是你为钱工作。中国有句俗话说得好："人两脚，钱四脚。"意思就是说钱追钱，比人追钱快多了。

为了能够证明"钱追钱快过人追钱"，有一些研究人员研究起了和信企业集团（台湾排名前 5 位的大集团）前董事长辜振甫和台湾信托董事长辜濂松的财富情况。辜振甫属于慢郎中型，而辜濂松属于急惊风型。辜振甫的长子，台湾人寿总经理辜启允非常了解他们，他说："钱放进我父亲的口袋就出不来了，但是放在辜濂松的口袋就会不见了。"因为，辜振甫赚的钱都会存到银行，而辜濂松赚到的钱却都拿出来进行了更为有效的投资。结果是：虽然两人年龄相差 17 岁，但是侄子辜濂松的资产却遥遥领先于其叔叔辜振甫。所以，人的一生能拥有多少财富，并不是取决于你赚了多少钱，而是取决于你是否投资、如何投资。

"投资理财可以致富。"一旦有了这种认识，至少可以让你有信心、有决心。不管你现在拥有多少财富，也不管你一年能省下多少钱、投资理财的能力如何，只要你愿意，你就能够利用投资理财来致富。

投资理财，是现代女性必备的生存技能

不管你现在是时尚的白领丽人，还是已经成家的已婚一族，作为一名女人，你不光要学会如何赚钱，还必须学会如何理财，这才是女人智慧的体现。精明的女人一定要学会理财，并且善于理财，这也是女人拥有富裕生活、亮丽人生的一项必需的生活技能。

实际上，在现实生活中，不管是做事、恋爱、旅行，还是给心爱的人准备各种各样的礼物等，这些都需要和钱打交道。

女人懂得理财就是为了获得幸福，如果一个女人没有良好的理财习惯，即使拥有了万贯家财，也总有一天会被花得精光。理财是女人一生的必修课，更是女人一辈子受益无穷的事情。

现如今，很多受过良好教育的时尚女性早就摆脱了家庭的束缚，跻身于职场、商场，知识与财富倍增，拥有绝对独立自主的权利。但是她们很多人在理财过程中依旧存在很多"致命伤"。因此，从现在开始，你就要学习理财功课。

　　理财，并不是简单的技巧，还是一种思维方式。对于女人而言，首先需要掌握的就是一种态度和理念，理财并不能够让你一夜暴富，而其本质则在于善用手中一切可以运用的资金，照顾好自己一生，并为家庭各阶段提供必备的需求。这一点，也是我们谈论女性理财的前提。

　　所以，我们强调的并不是如何投资，也不是如何发财致富的问题，而是如何克服女性在理财上的盲点和弱点，如何建立女性健康合理的理财观，如何把家庭中的钱使用得更加游刃有余的问题。

　　男性与女性的投资理财风格是各有千秋的。与男性相比，我们女性会显得更加严谨、细致、感性，而这些特点也决定了女人在理财方面的优势：对于家庭的生活开支非常了解，对于收入支出的安排也享有优先决策权；投资理财更偏向保守，能够很好地控制风险；投资之前，也会对很多想法征求其他人的意见，三思而后行等。可是，有句话叫"物极必反"，如果这些特性发挥到了极致，那么就会演变成为女人在理财上的"致命伤"。

　　那么，女人在理财的时候应该如何发挥积极因素、避开消极因素呢？以下这七点建议是专门为女性理财量身定做的。

　　一、更新观念

　　千万不要再把不懂花钱看成是小女人娇羞的一部分。如果以前的女人可以用对老公发嗲的方式来摆脱财政赤字，那么你今天就不要再想让冷酷的钱包发善心了。

　　二、学习理财

　　你需要利用业余的时间好好学习理财知识，了解相关技巧。不要完全依赖他人的理财知识和经验，一定要学会制订个人理财规划，这样就可以让你在家庭理财的决策中，享有与男人同等的地位。

　　三、设定目标

　　就和做其他事情一样，你需要一个目标才不至于迷失方向。理财更是如此，为自己设定一远一近两个目标，比如确定未来20年的奋斗目标和每个月的存款数，这样的话，你在花钱的时候就会有所顾忌。

四、强制储蓄

你可以在每个月发薪水后就将其中的一定数目，比如薪水的20%存入银行等，并且从此之后绝对不轻易动用这笔钱，那么等到若干年后，这也将会是一笔可观的财富，如果不这样做，那么这笔钱是很容易花掉的，并且你还不会感觉到生活有多么宽裕。千万不要等到月底看剩下多少钱的时候再进行储蓄，更不要一直使用配偶的账户或以配偶的名义存款，而让自己没有任何银行存款和信用记录。

五、精明购物

对于每一个人而言，实惠的含义各不相同，有的人可能是大甩卖时的拣货高手，还有的人则信奉"宁缺毋滥"的购物原则。由于每个人的收入水平、生活方式存在差异，"精明"二字的解释自然各有不同，因此在购物的时候，千万不要随大流。你一定要记得，适合别人的不一定适合自己。

购物一定要记账，不管你在何时何地购物，都要记下你所花费的每一笔钱。休闲娱乐、交通费用、三餐开销、应酬花费、购买奢侈品等要分门别类地记下来，一个月或是三个月后再来审视你的消费曲线，这样你就能够非常清楚地了解你在哪一部分的开销最大，从而合理地调整你的消费行为，这样你才不会在不知不觉中稀里糊涂地漏财。

六、节流生财

和开源相比，节流显然更加容易，你可以从节约水电费这种小事开始，日积月累就会收到聚沙成塔的效果，而且这种节俭的生活方式也是非常环保的。

七、储备应急

为了应对意外的花销，在日常生活中必须要存出一项专门的应急款，这样才不会在突然需要用钱的时候动用定期存款而损失利息。

赚钱和理财，当然并不是单纯地指储蓄，这种想法明显早已过时。你如果想自己驾驭金钱，那么就必须学习和掌握更加复杂的知识系统。同时，把理财当成是改善人生的方法，那么在你的日常生活中就没有什么问题是复杂和困难的了。

投资可以致富，理财足以改变人生

你是否还记得 10 年前你父母买下房子时候的价格，在今天可能只能买一辆车！这就是通货膨胀，我们的金钱其实每一天都在贬值。

那么有什么办法可以让你的金钱免遭通货膨胀呢？其实有两种方法。第一种方法就是增加你的收入。当你的收入与通货膨胀的速度持平的时候，你自然就不会受到价格上涨的影响，当然，你也不会变得更加富有，因为你增加的收入正好抵消了货币贬值的损失。

第二种方法就是将你的一部分钱用来投资，作为你的第二部分收入来源，并且让增长速度超过通货膨胀速度。在这种情况下，不仅会抵消贬值的钱，反而还会成为财富。

由此看来，将金钱闲置只会减慢你脱贫的步伐，但是却不能够为你创造财富。

有这样一则告诫人投资理财的故事：犹太大地主马太有一天要去外地出游，于是就将他的财产托付给三位仆人保管。

他给了第一位仆人 5000 金币，第二位仆人 2000 金币，第三个仆人 1000 金币。马太告诉他们，一定要好好珍惜并管理自己的财富，等到一年之后他会回来。

马太走后，第一位仆人把这笔钱进行了各种投资；第二位仆人则买下原料，制作商品进行出售；第三位仆人为了安全起见，则把这笔钱埋在树下。

过了一年，马太按时回来了，第一位仆人手中的金币增加了三倍，第二位仆人的金币增加了一倍，马太觉得非常欣慰。只有第三位仆人的金钱丝毫没有增加，他随即向马太解释道："我担心运用不当让这笔钱遭受到损失，所以把这笔钱存在了安全的地方，今天将它原封不动奉还。"马太听完之后非常生气，骂道："你这愚蠢的家伙，居然不懂得好好利用你的财富。"马太拿回了第三个人的金币，赏给了第一位仆人。

这个故事就是著名的马太效应。故事当中的第三位仆人受到责备，并不是因为他乱用金钱，更不是因为投资失败而遭受了损失，而是因为他根本就没有好好利用金钱，没有用来投资。这个故事表明，人们从很早就开始懂得投资理财了。

吉姆·罗杰斯这个名字相信对于你我都不陌生，他是在 10 年间赚到足够一生花费的财富的投资家，一个被股神巴菲特誉为对市场变化掌握无人能及的趋势家，一个两度环游世界（一次骑车、一次开车）的梦想家。

吉姆·罗杰斯在 21 岁的时候才开始接触投资，之后他进入到华尔街工作，与索罗斯共创全球闻名的量子基金，到了 20 世纪 70 年代，这一基金涨幅超过 4000%，同期标准普尔 500 股价指数才上涨不到 50%。吉姆·罗杰斯的投资智慧显然已经得到了数字证明。

从口袋里面仅仅只有 600 美元的投资门外汉，到 37 岁决定退休时候的家财万贯，世界级投资大师吉姆·罗杰斯正是用他自己的故事向我们证明，投资是可以致富的，理财更是可以改变命运的。

对于年轻的女性朋友而言，难道你不希望自己的财产保值增值吗？我们一直都在提倡科学理财，就是要你学会善用钱财，让自己的财务状况处于最佳状态，从而满足各层次的需求，能够拥有一个幸福的人生。

所以，一个人一生到底能够积累多少财富，并不是取决于你赚了多少钱，而是看你如何进行理财投资。

而致富的关键就在于如何开源，千万不要一味地节约。我们试想，在这个世界上又有谁是靠省吃俭用一辈子，把自己一生的积蓄都存进银行，从而依靠利息而成为知名富翁的呢？

大家知道，犹太人是世界上最出色的商人，他们经商的独特之处就在于他们即使有钱也不会把钱存在银行里。因为他们非常清楚这笔账：把钱存在银行里确实可以获得一笔利息收入，但是由于物价上涨等因素，基本上使得银行存款的利率被抵消。

在中国也同样有一句俗语，叫作"有钱不置半年闲"，这句话是一句很有哲理的理财经，向我们指出了合理使用资金、千方百计地加快资金周转速度、用钱来赚钱的真谛。这对于年轻的女性朋友而言具有很重要的借鉴意义。

女人经济独立，活得才有底气

在很多人的头脑当中，一提到理财，就会联想到银行的理财顾问为那些有钱人制订的资产收益计划。就好像我们和很多年轻女性聊起理财话题时一样，经常听到的说法就是"我无财可理"。

猛然一听，似乎有些道理。因为年轻人往往是刚开始工作，工资不高，很多年轻人都是"月光族"，甚至有的还出现透支好几张信用卡的情况。理财看起来似乎真的离她们很遥远，难道实际情况真的是这样吗？

"怎么又没钱了？你这个'月光女神'日子过得真是够凄惨的，你真应该去学习如何理财！"

"理财？我拿什么理财啊，我现在已经工作两年多了，每个月收入四千多元，也不算少，可是每个月吃饭、租房、买衣服等，乱七八糟下来，月月库存为零。我也很想去理财啊，但是巧妇难为无米之炊，我真的很无奈！"

每当别人说她，李小宁总是这样来应对朋友对自己处境的调侃。李小宁所学的专业就是经济学，她也很想去理财，但是，自己根本就存不下钱，拿什么去理财呢？是的，这是大多数年轻人的想法，认为没有"财"就不必去理"财"了。

这种认识是完全错误的，正是因为没有"财"，才更需要我们去理财。其实，理财绝对不是有"财"人的专利，理财是我们每一个人都应该做的事情。

道理非常简单，不管是挣钱还是花钱，我们每一个人每一天都会与钱打交道，只要与钱打交道，那么我们就有责任对它做好最基本的管理。不然的话，将会给你带来非常严重的后果，比如"月光女神""欠债小负婆"等就是最好的说明。

而在现实生活中，还出现了另外一种观点：做得好，不如嫁得好。现在很多女性把婚姻当成自己的依靠。其实她们忽略了一点，经济不独立的女性，就算嫁给了一个很有钱的老公，但是她的内心还是会隐隐地有一种不安全感，因为伸手向别人要钱的滋味永远是不好受的。

　　琪琪的朋友们都非常羡慕她，因为她刚刚大学毕业就嫁了一个有钱的老公，大家觉得她真是太幸运了。

　　刚开始的时候琪琪也这么认为，她想，婚姻是女人一生最重要的事情，只要嫁给有钱人，自然就把握住了人生的一半幸福。

　　在结婚后，琪琪自然而然过上了富家太太的生活，尽管她也有能力养活自己，但是她却放弃了出去工作的机会。因为她认为，老公的收入足以让自己一辈子衣食无忧，自己根本没有必要为了那一点点微薄收入而辛苦奔波。可是，这种令人羡慕的家庭主妇的生活却因为老公对她零用钱的控制，而让琪琪顿生厌倦。

　　琪琪的老公虽然有钱，但是对钱管理得很严，从来不会主动给她零用钱花。而且她的老公一直都不赞成琪琪动不动就去商场买几千元的衣服，认为这是一种浪费、挥霍行为。

　　对于老公的这种态度，琪琪非常不满，她常常埋怨老公是一个"守财奴""小气鬼"，于是家庭矛盾就这样产生了，两个人经常会为了家庭开支的问题争论不休，甚至大吵大闹。

　　后来，琪琪的婆婆得了重病，老公希望琪琪能够去伺候婆婆，替自己尽孝道。但是琪琪认为老公不愿意主动给自己钱花，这是不爱自己的表现，于是建议老公请一个保姆照顾婆婆。这一下可惹怒了老公，两人又一次大吵了起来，而且矛盾迅速升级。此时此刻，琪琪也明显地感觉到，他们的婚姻已经出现了裂痕，更让她没有想到的是，自己原本憧憬的美好富足的生活，居然因为钱而变了质……

　　在婚姻生活中，不管你处于什么地位，当你总是伸手向另一半拿钱的时候，你们的爱情、婚姻生活也就没有所谓的快乐而言了。你拿了丈夫的钱，那么必然会在某些地方受制于他。当你受制于他的时候，你就必定要去做一些自己不情愿，但是又必须去做的事情，这样一来，不安全感就开始充斥你的生活。

另外，女性在婚姻当中所承担的生存风险不仅是婚姻破裂后的生活问题，还有更为严重的住房、医疗、养老问题。我们试想一下，连温饱生计都成问题，那么还怎么去顾及其他一系列的生存隐患问题？

因此，作为现代女性，一定要让自己先变得理性起来，特别是那些有能力赚钱的女性，千万不要因为自己一时的懒惰，就让自己随便托付给周围的男性与现实的婚姻，而应该勇敢地从受限的温室中站出来，只有经济独立才能够让你获得切实的安全感。

在生活当中，有的年轻女性在设计自己的理财计划时，最爱出现的毛病就是好高骛远，总是幻想自己能够一夜暴富。这显然是不现实的，理财只有脚踏实地慢慢地积累和投资，才能不断提高自己的财富积累，这也是你理财需要坚持的正确观念。

年轻的女性朋友，从现在开始理财，不要再把没钱当借口，其实你可以理财，这是你人生中最不应该逃避的一课。

发财的前提，是让自己成为财迷

我们从现实角度来看，那些为了钱去拼命工作的女性并没有错，在一定程度上，自己挣到的钱更能够给女性带来些许安全感，而且自己的合理收入也会得到大家的尊重。

"我喜欢平淡的生活，现在每个月的收入已经够养活自己了，我挺知足的！虽然我也曾经幻想过可以拥有更多的财富，但是这也不是说我想一想就能够拥有的，我觉得一切还是顺其自然的好。"

吕宁每次和朋友聊到理财问题，她都会说出自己的财富观点。我们可以看出，吕宁的性格是恬淡的，她认为财富是不可强求的，一切顺其自然，但是在她的想法当中，我们也能够看出，她也想拥有财富。我们想一想，吕宁这种有点儿"听天由命"的想法，她最终会成为"财女"吗？

显然答案是否定的。你想要拥有财富，首先就必须要提升自己对财富的欲望，因为它是你通往财富之路的发动机，当你对金钱产生了足够的欲望，"财女"也就离你不远了。

有的女性会问，财富欲望真的那么重要吗？我们不妨先来看一看苏格拉底是如何回答的！

有一次，一个人问苏格拉底："我如何才能够获得财富呢？"

智慧的苏格拉底并没有立即回答他的问题，而是把他带到了一条小河边，之后就将他的头直接按进了水中。那个人开始出于本能不断地挣扎，可是苏格拉底一直不放手。最后那个人拼命地挣扎，使出了自己的最大力气才挣脱出来。

这个时候，苏格拉底微笑着问他："你刚才最需要的是什么呢？"

那个人还没有从刚才的慌乱当中平静下来，喘着粗气说道："我最……最需要空气。"

就在这个时候，苏格拉底因势利导地对这个人说："如果你可以像刚才需要空气那样需要财富，那么你一定可以获得很多财富。"

苏格拉底就是用这种最智慧的方法告诉我们：想要拥有财富，首先就要有获取财富的强烈欲望。

我们仔细分析这句话，会发现这种欲望就是指"我要，我一定要"的勇气和坚定的信心，这是一种志在必得、专心一致的心态。也只有拥有

这样一种坚定的勇气与强烈的心态，你才可以克服一切困难，最终获得财富。

我们不能否认，在现实生活中，大多数女性都想成为富人，想要拥有很多的金钱，只是她们认为这个梦想离自己实在是太遥远了，结果就开始安于现状，不再去考虑如何改变自己现有的生存状态，最后让自己成为富人的梦想成为泡影。

如果你和这些人一样，对于财富与金钱仅仅只是想想而已，从来没有真正地从内心将这种愿望升华为强烈的欲望，那么自然你就无法获得强大的精神力量，最终也是难以实现理想的。

足够的金钱能够让我们没有后顾之忧，能够让我们有更多的精力与时间去最大限度地实现自我价值。所以，"君子爱财"这一观点是没有错的，现代女性都可以选择成为一名"女君子"，让自己最大限度地实现自身的价值。

理财越趁早，受益会越好

"我现在还年轻，不需要理财""等我赚了大钱再说"等这样的观点在一般投资者中非常的流行，很多投资者都认为理财不着急，我有的是时间，等有了时间再说，其实这种想法是错误的。

江小英一直在一家外企上班，属于白领一族，她已经上班好几年了，但是却没有什么存款，更别说房子、车子了。有一次江小英的妈妈生病了，需要很多的钱，但是她却一分钱都拿不出来，家里人都觉得非常奇怪，她已经工作这么多年了，怎么会没有一点儿存款？还好江小英的人缘好，于是就借了一些钱。事情总算是过去了，亲戚朋友都劝她，你应该学着理财了，可是她却理直气壮地说："不着急，我还年轻，等以后再说吧！"

李小宁在外工作已经好几年了，今年结婚的时候，结婚的钱都是双方父母拿的，就连买房子的首付也都是父母给的，那剩下的房子贷款就应该李小宁自己支付了。李小宁小两口的收入还可以，但是过惯了有多少花多少的生活，他们一到月底还贷，就立马抓瞎了，刚开始父母没办法还帮忙垫钱，但是也不能够总这样，他俩一发工资就还贷，这样几年下来，他们除了按时还贷，手头却没有存下什么钱，父母劝说他俩应该学会理财，不然以后有了孩子怎么办，但是他俩总说："不急，慢慢来，等我们赚了大钱再学理财，现在没有钱，怎么理呢？"

在中国有句老话说："吃不穷，喝不穷，算计不到就受穷。"那么，应该怎样理财，怎样理好财，这是每一个女人都关心的话题，更是现如今投资者需要学会的。理财应该做到二忌：

一、忌攀比挥霍，要懂得未雨绸缪，居安思危

有很多女性对于理财缺乏足够的认识，特别是很多独生子女，家庭比较富裕，没有经济负担，思想上更是缺少理财的意识。她们在生活中互相攀比，喜欢穿名牌、用高档，消费无度。还有一些刚刚参加工作的女性，当工资拿到手之后，花钱更是如流水，一副大款相，可是一到了月底，就发现自己两手空空，甚至出现外债。这类女性大多缺乏忧患意识，认为自己年轻，有的是时间去挣钱；还有的则认为反正父母那里有，岂不知父母并不是银行，不是想提款就随时提款的。在这种思想的支配下，这类女性是很难做到量力而行、量入而出的。

现如今，年轻女性应该经常问自己几个怎么办。比如，当有一天你失业了怎么办？你有孩子了，他们上学用钱怎么办？你的家人得了重病需要大笔钱去医治怎么办？等你老了，养老金储备了没有？等到了那时，你应该如何去应对，又怎样尽你的责任和义务？

二、忌好高骛远，要懂得面对现实

很多发达国家的人们在生活上仍注重节约一滴水、一度电，为的就是让他们的子孙后代也富有，我们是否也应该从当中得到一点儿启发。

如今的年轻女性，要从实际行动中去实现理财。而对于刚刚参加工作的女性而言，你可以把每月工资的一部分用一定的方式存入银行。比如每月、每季存一个定期等，这自然要根据你的工资多少而定，但是有一条，你每月必须存入一定数额，特别是对于工资不高的女性，更应如此。

王超刚刚参加工作的时候，每月只有 1500 元的工资，但她每个月会拿出 500 元，零存整取，一年到期后再和平时存下的奖金存到一起，由小变大，积少成多。随着工资的增长，零存数额也由 500 元增到 1000 元、1500 元、2000 元……就这样，王超一直坚持了好几年，存下了一笔可观的钱。

当然，并不是要求每个人都和她一样，理财也要因人而异，但你必须马上行动，只有这样才可能有收获。除此之外，在生活当中还必须有节约意识，在保证生活质量不断提高的同时，还要尽量减少不必要的开支和浪费。

因此，确立并优先实现你的财务目标，明确一年内的目标、三年到五年的目标、五年以上的目标，有效、合理地分配你的可投资资源。

每个目标都应该进行谨慎地分析与决策。假如你的目标早已经确立，你对资产进行了有效的分配，就不应该再犹豫，要开始行动。绝对不要推到明天，从当下就开始。

理财的时间要抓紧。为什么有些女人能够成为百万富翁？有些女人直至退休仍一贫如洗？这些都与珍惜时间、合理安排时间、准确把握时间有关。大多数富翁都感觉时间过得太快，生怕自己赶不上时间节奏而落伍，他们的时间都是以分、秒计算。

总之，理财绝不能等，现在就行动，以免年轻的时候任由"钱财放水流"，蹉跎岁月之后老来嗟叹空悲切。

坚持坚持，资产才会不断升值

今天，越来越多的姐妹们已经开始尝试着理财了。如果你已经把理财提上了自己的日程，而且你已经抱着积累财富的巨大决心，那么请你不要花心，一定要一心一意，而且不要总做白日梦，不要妄想自己能够一夜暴富，这会打消你理财的激情，更会毁掉你的财富未来。

李嘉诚曾经说过，理财必须花费比较长的时间，短时间是看不出效果的。"股神"巴菲特也说过："我不懂怎样才能尽快赚钱，我只知道随着时日增长赚到钱。"

这两位理财大师告诉我们，任何理财方式都不可能立即见分晓，它需要经过时间的考验。也正是因为如此，很多性子比较急的女人理财反而会失去更多的财富。

以购基金为例，在很多的理财方法当中，基金定投最能够考查一个人的毅力。这种方式能自动做到涨时少买，跌时多买，不仅可以分散投资风

险，而且平均成本也低于平均市场价格，其中最关键的因素就在于能不能够长期坚持了。

有的女人可以坚持十多年，在这十多年中，她也许经历了一些惨境，甚至也经历过基金的小涨小跌的平缓期，但是只要自己不半途而废，相信用十多年的时间最终会使自己收益达到同期基金中的最高水平。

1998年3月，我国发行第一只封闭式基金，李女士参加了申购，从此开始了与基金长达十余年的不了情。

刚开始的时候，李女士用两万元申购到了一千份金泰基金，上市之后价格持续上升，身边炒股的朋友劝她卖出，但是她却没有卖，直等涨到两倍时才卖，当时用一千元本金居然轻松挣到了一千元！这是李女士在中国证券市场上挖到的第一桶金，她心里别提有多高兴了。

相信大家也了解，有几年的时间，基金一直非常火。但是天有不测风云，中国股市在牛了几年之后，熊市开始悄悄来临了。漫长的熊市让大家感到痛苦和无奈，基金的投资神话似乎也要破灭了。终于，2005年，黎明前的黑暗中，李女士将封闭式基金卖掉了，只剩下了一千份兴华基金。

一年过去了，时间到了2006年9月，李女士在一次偶然的机会中去听了一场基金讲座，让她忽然发现中国的证券市场已是冬去春来了！结果，就在李女士40岁生日这天，她果断地将10万元投资到了一种红利基金中，当时周围的人都认为李女士疯了，但是她自己清楚，只要坚持，一定会有收益，而且等了这么多年，也是收益的时候了！

果然，仅仅只有半年的时间，李女士的收益就已经翻倍。她庆幸自己在最惨淡的时候，没有半路放弃，而是咬牙坚持了下来，十多年了她最终还是丰收了。

我们试想一下，像李女士这样能够坚持十多年的，又有几个人能做到？特别是对于那些喜欢患得患失的女人而言，增长自然是满怀兴奋、信心十足，但是只要稍微下跌，就开始心中动摇，甚至选择放弃，你如果如此反复，又怎么可能拥有好的收益呢！

理财最关键的就是坚持，特别是在情况不好的时候，一定要坚信时间会改变局势。对于那些半途而废的理财人士，当她们最后发现由于自己没有坚持，而导致本属于自己的收益泡汤了，相信她们一定会后悔不已。

当然，理财本身就是带有风险性的，相信很多女人在理财之前都会有遭遇风险的心理准备，按理说，有了这样的心理，是能够经得起时间考验的。但是，事实并不是这样，当风险来临的时候，很多女人就失去了当初的自信，反而会跟随其他女人一起选择放弃。

有坚持的想法，却没有坚持的决心；有坚持的理由，却没有坚持的行动，这是很多女性朋友最终在投资上面小打小闹的原因。当然，这种坚持之心，绝对不是我们通过说服就能够产生的，只有亲身经历了坚持带来的甜头，你才会真正相信坚持的魅力。

所以，我们更不要去羡慕那些拥有巨额财富的世界富豪。其实，他们当中的大部分人和你一样，都是从一点一滴开始积累的。但是不同的是，他们最后成功了，而他们成功的原因更多归结于坚持，并且将其发挥到极致。如果你也能够和他们一样懂得坚持，你离成为女富翁的日子就不远了。

3. 懂一点儿理财知识，才能够财运亨通

洼地效应：看准投资潜力才能赚钱

洼地效应主要是指在经济发展的过程中，人们把"水往低处流"这种自然现象引申为一个全新的经济概念，叫"洼地效应"。从经济学理论上讲，"洼地效应"就是利用比较优势，创造理想的经济和社会人文环境，使之对各类生产要素具有更强的吸引力，从而形成独特竞争优势，吸引外来资源向本地区会聚、流动，弥补本地资源结构上的缺陷，促进本地区经济和社会的快速发展。

简单而言，就是指这一区域与其他区域相比，环境质量更高，对于各类生产要素具有更强的吸引力，从而形成独特的竞争优势。资本的趋利性，决定了资金定会流向更具竞争优势的领域和更具赚钱效应的"洼地"。

我们就拿房地产来举例。当房地产围合一个湖泊中心发展的时候，自然就会形成自湖心向四周土地递减的级差地租，大致出现"近贵远贱"的圈层分布，而这其实就是围合出湖心的价值洼地。

一旦因为某种特殊原因填湖开发，那么，湖心洼地的地价和房价就会突然井喷，创下区域地产的最大价值，甚至还有可能会引发周边地产的价

值飙升，从而产生了洼地效应。

当然在房地产实际开发过程中，所谓的洼地不一定就是湖心区，也有可能是市政中心、城市广场或历史建筑区等列于区域价值具有提升作用的区域。

洼地效应在近几年来是非常流行的词语，我们经常在一些经济学的财经分析中看到。比如，中国市场的巨大投资潜力和发展空间，吸引了越来越多的国际投资者的目光，外来投资持续增加，中国在全球经济中产生了洼地效应。

对于投资者来说，洼地效应的概念是很容易理解的，但是如何才能够在股票市场上找到真正的"洼地"，获得投资的巨大收益呢？

一是如果发现有做实体产业，每股业绩高达 1 元以上，而且其产业方向和经营业绩基本能处于长期稳定，在经济危机中不但没遭受重创，还能迅速翻身挺过来的公司股票，则是属于"洼地"的投资目标。

二是长期遭受冷落，但是却关乎国计民生的股票。比如属于人民大众最重要的吃饭问题的粮食和农业概念股，这些都是可以，而且必须持续发展的永恒产业，如果其业绩和发展预期良好，并且还没有被爆炒过，那么就属于价值洼地，是非常具有投资潜力的。

三是关注属于国家规划扶持发展，真正生产与科研结合，有规模和实力做新能源产业的股票，这些必将在不远的将来影响到后续人类的生产、生活方式，不管现如今在起始阶段多么迷茫，或是股价已被炒得很高，但是只要是符合全球人类发展的方向，就还值得长远投资布局，当然，这需要我们有一定的耐心和信心。

妙用黄金分割线，资产增值很稳健

黄金分割是指事物各部分间一定的数学比例关系，黄金分割的创始人是古希腊的毕达哥拉斯，他在当时十分有限的科学条件下大胆断言：一条线段的某一部分与另一部分之比，如果正好等于另一部分同整个线段的比为 0.618，那么，这比例会给人一种美感。这一神奇的比例关系被古希腊著名哲学家、美学家柏拉图誉为"黄金分割律"。黄金分割线屡屡在实际中发挥我们意想不到的作用……在投资理财中，妙用黄金分割线可使资产安全地保值增值。

郭红霞今年 34 岁，是第一批步入而立之年的"80 后"，目前在广州一家饮食集团下属分公司任财务主管，老公在一家财务公司做会计，由于成家较早，孩子即将读小学，此外还要供养两位老人。郭红霞每月的家庭总收入在 11000 元左右，这个收入在广州市来说只能算是个小康之家。由于需要花钱的地方较多，每个月的日常节余并不多。但是，多年来郭红霞一家的资产一直稳步增长，小日子过得有滋有味。

原来，专业出身的郭红霞非常关注自己家庭的财务规划，对家庭的每一笔投资都非常慎重。她在日常的工作中还创造性地总结出"黄金分割线"的家庭理财办法。简单地说，就是无论资产和负债怎样变动，投资与净资产的比率（投资资产 / 净资产）和偿付比率（净资产 / 总资产）总是约等于 0.618，即理财黄金分割点。多年来，郭红霞一直在这个理财黄金分割点的指引下不断调整投资与负债的比例，因而，家庭财务状况相当稳健。

2006 年，郭红霞的父母因病相继去世，郭红霞每月的负担减轻了 2500 元，还分得了 7 万多遗产。随着郭红霞在银行的存款快速增加，黄金分割点有失衡的可能，于是郭红霞决定做点儿投资。

经过分析，郭红霞计算了一下当时的家庭总资产：包括银行存款、一套 109 平方米的三居室、货币市场基金和少量股票，总价值为 105.5 万元，其中房款尚有 28 万元没有还清，净资产（总资产减去负债）为 77.5 万元，投资资产（储蓄之外的其他金融资产）有 39 万元，郭红霞的投资与净资产的比率为 39 ÷ 77.5 ＝ 0.503，0.503 远低于黄金分割线，投资与净资产的比率低于 0.618 时，意味着家庭有效资产就得不到合理的投资，没有达到"钱生钱"的目的。这说明加大投资力度是很有必要的。

如果一味地加大投资力度，即有亏损的可能性。为了防止亏损的发生，郭红霞给投入的资金量设定了上限。加大投资额的同时也要考虑家庭的偿付能力，在偿付比率合理的基础上，进行合理的理财投资。

正是因为充分考虑了家庭的偿付能力，才使得郭红霞的家庭财务一直处于稳健状态。而大部分人进行理财投资时，往往忽略了自己的偿付能力。在经济风险增大的今天，如果偿付能力过低，则容易陷入破产的危机。郭红霞的家庭总资产为 105.5 万元，其中净资产为 77.5 万元，而她的房贷款还有近 28 万元未还。按照偿付比率的计算公式，郭红霞的偿付比率为 77.5 ÷ 105.5 ＝ 0.734。

郭红霞以多年的财务经验分析，偿付比率一般也是以黄金分割比率 0.618 为适宜状态。如果偿付比率太低，则表示生活主要依靠借债维持，这样的家庭财务状况，无论债务到期还是经济不景气，都可能陷入资不抵债的局面；反之，如果偿付比例很高，接近 1，则表示自己的信用额度没有充分利用，需要通过借款来进一步优化其财务结构。郭红霞家庭的偿付比例在 0.743，这是个比较理想的数字，即便在经济不景气的年代，这样的资产状况也有足够的债务偿付能力。但是 0.743 的偿付比率远高于黄金分割率，可见郭红霞的资产还没有得到最大合理的运用，信用额度也没有充分利用。于是，郭红霞决定投资房产。

这时，泛海国际一套 120 平方米的房屋进入郭红霞的眼帘，她对周边环境也很满意。但是一核算，郭红霞发现投资这套房子并不划算。

原来，这套住宅的总价为 90 万元，郭红霞若想购买这套房产，需要向银行申请贷款，如果首付 30 万元，那么郭红霞的总资产为 $105.5 + 90 = 195.5$ 万元，净资产为 $77.5 + 30 = 107.5$ 万元，投资资产为 $39 + 30 = 69$ 万元。那么投资与净资产的比率为 $69 \div 107.5 = 0.642$，投资率高于了黄金分割线 0.618，保证了家庭资产的理想增值。但是，如果购买了这套房子，郭红霞一家的偿付比率就会变为 $107.5 \div 195.5 = 0.554$，低于黄金分割线 0.618，这样的家庭财务状况，如果楼市不景气，极容易发生资不抵债的局面。综合考虑之后，郭红霞谨慎地放弃了投资大户型住宅房的打算。

放弃了泛海国际的大户型，郭红霞将目光转向了价位相对低些的住宅房。经过调查，郭红霞发现华景新城一带的住房出租旺盛，于是她首付 26 万元在此购买了一套 50 万元的商品现房，并以每月 2500 元的租金租给一个美国人。

这样，郭红霞的家庭总资产变为 $105.5 + 50 = 155.5$ 万元，新的投资资产为 $39 + 26 = 65$ 万元，净资产为 $77.5 + 26 = 103.5$ 万元。投资与净资产的比率为 $65 \div 103.5 = 0.628$，偿付比率为 $103.5 \div 155.5 = 0.666$。

购买了这套房产之后，郭红霞家庭的投资额刚好符合家庭理财规划的黄金分割线，投资与净资产的比率得到合理的规划，同时又保障了高于黄金分割比率的偿付比率。这样在有效资产理想的增长情况下，又保障了正常的偿付能力，达到了家庭财务结构的优化。

今年，郭红霞被提拔加薪，收入大为改观。在净资产增长的情况下，郭红霞又要依据黄金分割线加大投资额了。郭红霞表示，她会根据当前的投资形式，在保障偿付比率高于黄金分割线的基础上，进行新的一轮投资项目，这样资产才能保值增值。

安全边际，给资产安全留余地

价值投资有两个最为基本的概念就是安全边际和成长性。如果人们掌握了安全边际，即使在短期内难免损失，但是从长期来看，肯定是不会赔钱的，这样的好法宝，想要掌握它肯定是不容易的。

那么，什么是安全边际？为什么要有安全边际这个概念呢？

安全边际顾名思义就是股价安全的界限。这个概念是由"证券投资之父"本杰明·格雷厄姆提出来的。作为价值投资的核心概念，安全边际在整个价值投资领域当中都处于至高无上的地位。

关于它的定义非常的简单，即内在价值与价格的差额，我们可以用更通俗的说法来解释，就是价值与价格相比被低估的程度或幅度。

格雷厄姆认为，值得买入的偏离幅度必然使买入是安全的；最佳的买点是即使不上涨，买入后也不会出现亏损。格雷厄姆把具有买入后即使不涨也不会亏损的买入价格与价值的偏差称为安全边际。当然，格雷厄姆给我们的是一个原则，而这个原则的核心就是即使不挣钱也不会赔钱。与此同时，安全边际越大越好，安全边际越大所能够获利的空间自然也会越高。

需要特别说明的一点是，安全边际不能够保证避免损失，但是可以保证获利的机会比损失的机会更多。巴菲特曾经指出："我们的股票投资策略持续有效的前提是，我们可以用具有吸引力的价格买到有吸引力的股票。对投资人来说，买入一家优秀公司的股票时支付过高的价格，将抵消这家绩优企业未来10年所创造的价值。"其实这就是告诉我们，忽视安全边际，即使买入优秀企业的股票也会因为买价过高而难以盈利。

对于投资者而言，更不能够忽视安全边际。但是在什么情况下，股票才能够达到安全边际，股价才安全呢？10倍市盈率是不是就安全呢？或者低于净资产值就安全呢？未必是。如果真的这么简单，那么我们每一个人都可以赚钱了。

举例而言，鸡蛋8元钱1斤值不值呢？就现在来说，不值。这个8元钱是价值，我们还可以去分析下价值，把养鸡、饲料、税费、运输等成本全部折算了之后，可能是2元钱1斤，那么这个2元钱就是鸡蛋的价值。那么什么是安全边际呢？就是把价值再打个折，就能够获得安全边际了。例如，你花1.8元钱买了1斤鸡蛋，那么你就拥有了10%的安全边际。如果你花1.6元买了1斤鸡蛋，那么你就拥有了20%的安全边际。

因此，安全边际就是相对于价值的折扣，而并不是固定值。我们也只能够说，当股价低于内在价值的时候，也就失去了安全边际，至于安全边际是大还是小，我们则需要看折扣的大小。

那么为什么要有安全边际呢？曾经有人举了一个非常好的例子，有这样一座桥，能够允许载重4吨，我们只允许载重2吨的车辆通过，那么很明显，这个2吨就是安全边际。这样，就给安全留出了余地。就内因而言，如果我们在设计或者在施工过程中存在一些问题，那么这个2吨的规定可能还是会有安全保障的。而就外因而言，万一出现地震或地质变化的情况，2吨也是有安全保障的。

股价的安全边际也是如此，就内因而言，我们可能会对一个企业的分析出现误差，那么安全边际就会保障我们不会错得太离谱。就外因而言，如果这个企业在运营过程中出现了问题，那么在我们察觉到的时候，也许还不会吃大亏。因为我们的选择存在了安全边际。

当然，安全边际不仅会让我们赔得少，而且能够让我们赚得多。原因很简单，因为买价较低。举例而言，一只股票的股价从2元上涨到12元，内在价值是 4 元，2 元则有了很大的安全边际。巴菲特在 2 元买入，而一般投资者在 4 元时买入，技术分析家则又根据趋势在 6 元买入，结果是巴菲特赚 35 倍，一般投资者赚 32 倍，技术分析家赚 31 倍，这其实就已经是非常不错的结果了。如果股价从 2 元上涨到 6 元，巴菲特赚 2 倍，一般投资者赚 50%，技术分析家还有可能会赔钱。也许有的人会说，在大盘涨起来的时候，很多都没有安全边际了。但问题是，在市场极度低迷的时候，很多有很大安全边际的股票却根本无人问津。

话说回来，安全边际能不能保障股价安全呢？这也不一定。最大的安全边际是成长性。比如一个生产寻呼机的企业只有 5 倍市盈率，这显然是不高。但是，在今天，连寻呼台都找不到了，安全自然就成为笑话。由此可见，只有在具有成长性的前提下，安全边际才有意义。

关于安全边际的理解是非常简单的，但是如何判断安全边际或者什么时候才真正到了跌无可跌的时候却是非常困难的，另外，就是安全边际迟迟不来怎么办，等等。

根据格雷厄姆的原意就是"等待"。因为他认为，人一生的投资过程中，不希望也不需要每天都去做交易，在很多时间里，我们都会手持现金，耐心等待。由于市场交易群体的无理性，在不确定的时间段内，比如 3 年或者 5 年，我们总是能够等到一个完美的高安全边际的。

换句话而言，市场的无效性总是会带来价值低估的机会，那么在这个时候就是你出手的好时机。这就好像是非洲草原的狮子，它在捕捉猎物的时候先是在草丛中静静地潜伏，非常有耐心地观察周围环境，然后慢慢地接近，直到猎物进入伏击范围才迅速出击。

如果你的投资组合当中累积了很多次这样的投资成果，那么从长远来看，你定会取得远远超出市场回报的机会，因此，安全边际的核心就在把握风险和收益的关系。

投资市场不可预测，不要迷信揣测

投资市场是一个复杂的动态系统，其内部因素相互作用的复杂性以及外部因素的难以应对的特性，使得其运行规律难以被理解和刻画，这就是投资市场的不可预测性。

但是在具体的投资过程中，大多数人最喜欢做的事情就是去预测，或者是让别人去预测。这些都是投资者对市场缺乏了解的表现。

其实，从来都没有人能够完全准确地预测出大盘和个股的具体点位或价位，最多也只能是根据当时的走势判断一下。因为市场会以它自己的方式来证明大多数人的预测都是错误的。

对于那些世界著名的投资大师而言，他们更多的是关注股票本身以及大的趋势，很少花费心思去预测股市在短时间内的变化。

比如，有"股神"之称的沃伦·巴菲特和美国最成功的基金经理彼得·林奇就曾经告诫投资者："永远不要预测股市。"因为，没有任何人能够预测股市的短期走势，更不可能预测到具体的点位。也许某一次预测确实对了，也仅仅是运气好而已，这些绝对是偶然现象，不可能是常态。

巴菲特说："我从来没有见过能够预测市场走势的人。"分析市场的运作与试图预测市场是两码事，了解这点很重要。我们已经接近了解市场行为的边缘了，但我们还不具备任何预测市场的能力。复杂适应性系统带给我们的教训是，市场是在不断变化的，它顽固地拒绝被预测。巴菲特认为，预测在投资当中不会占有一席之地，而他的方法就是投资于业绩优秀的公司。巴菲特还说道："事实上，人的贪欲、恐惧和愚蠢是可以预测的，但其后果却不堪设想。"因为在他看来，投资者经历的无非是两种情况：上涨或下跌。而关键是你必须要利用市场，千万不能够被市场所利用，更不能够让市场误导你进行一系列的错误投资行动。

其实，我们只要仔细想想，就可以知道那些所谓的预测是多么的不可靠。如果那些活跃的股市和经济预测专家能够连续预测成功，那么他们早就成为大富翁了，还用得着到处忽悠吗？

个人如此，那些投资市场上的大型机构也是没有办法准确预测股市的短期走势的。比如，在中国市场，最近几年来机构对上证指数最高点位的预测就是屡屡失算。

记得在 2005 年末，各大券商机构对 2006 年的预测，1500 点已是最高目标位的顶部了。当时还有一些专家分析股改大势后提出，1300 点将成为历史性底部时，有很多分析人员还嗤之以鼻。可实际上，2006 年却是以 2675 最高点位收盘。等到了 2006 年年末，绝大多数机构对 2007 年上证指数的预测都远远低于 4000 点，可是实际上，2007 年以来，甚至有近半年以上的时间都是在 4000 点上方运行，特别是到了 10 月，上证指数还一度达到 6124 点的高位。之后，股市出现了大跌，当时有很多人预测 4000 点是底线了，绝对不会跌破，可是结果呢，股指最终跌破了 2000 点。

还有很多人预测 2008 年奥运会的时候一定会有一次大行情，可是最终的结果却是，不但奥运会前夕股市表现非常弱，而且就在奥运会开幕当天，股市甚至开始下滑。在奥运会进行的那些天，股市一路向下。预期中的奥运行情并没有出现，给我们留下的都是黑色的梦魇。由此可见，对于具体点位的预测常常是"失算"的时候多于"胜算"。

虽然，股市的具体点位是没有办法进行准确预测的，但是大的趋势我们还是可以进行判断的。其实，彼得·林奇的"鸡尾酒会"理论就是我们寻找股市规律的一个有效工具。

在鸡尾酒的聚会上，不同职业、不同阶层的人们彼此相识、聊天。彼得·林奇从参加鸡尾酒会的经历上，总结出来判断股市走势的四个阶段。

第一阶段，当彼得·林奇在介绍自己是基金经理的时候，人们只是与他碰杯致意之后就漠不关心地走开了。这些人更多的是围绕在牙医周围，询问自己的牙疼，或者是宁愿谈论一些明星的绯闻，而没有一个人会谈论股票。彼得·林奇认为，当人们宁愿谈论牙疼也不愿意去谈论股票的时候，说明股市已经探底了，不会有大的下跌空间。

第二阶段，当彼得·林奇在介绍自己是基金经理时，人们会很简短地与他聊上几句股票，向他抱怨一下股市的低迷，之后就走开了，继续去关心自己的牙疼和明星的绯闻。彼得·林奇认为，当人们只愿意闲聊两句股票的时候，股市即将开始抄底反弹。

第三阶段，当彼得·林奇介绍自己是基金经理的时候，大家纷纷围过来询问该买哪一只股票，哪只股票能赚钱，股市走势将会如何，再也没有人去关心自己的牙疼或者明星的绯闻。彼得·林奇认为，当人们都来询问基金经理买哪只股票好时，股市应该是已经达到了一个阶段性的高点。

第四阶段，人们在鸡尾酒会上面谈论的话题就是股票，而且很多人还会主动向彼得·林奇推荐股票，告诉他去买哪只股票，哪只股票会涨。彼得·林奇认为，当人们不再询问该买哪只股票，反而主动告诉基金经理买哪只股票好时，说明股市很有可能已经达到了顶部，大盘很有可能要开始震荡下跌了。

总而言之，我们是无法准确地预测股市的，那么最好的办法就是投资大师说的，不要预测股市。我们更应该去关注企业的基本面，千万不要去枉自预测市场的变化。

牢牢把握二八定津，力争资金收益最大

"二八定律"又称为"帕累托定律"，是由 19 世纪末 20 世纪初意大利著名的经济学家帕累托发现的。他认为，在任何一组事物当中，最重要的只占其中很小的一部分，大约 20%，其余 80% 尽管占了大多数，但却是次要的，所以又称为"二八法则"。

在管理学领域也有一个非常著名的"80/20 定律"，它主要是讲一个企业通常 80% 的利润来自它 20% 的项目，后来，这个"80/20 定律"又被一再推而广之。

经济学家说过，20% 的人手里掌握着 80% 的财富。社会上有这样两种人：第一种占了 80%，却只拥有 20% 的财富；第二种只占 20%，却掌握 80% 的财富。那么到底是为什么呢？原来，第一种人每天都只会盯着老板的口袋，总是希望老板能够多给自己一点儿钱，换句话说，这种人把自己的一生"租"给了第二种"20% 的人"；而第二种人就不同了，他们除了能够做好本职工作之外，还会用另一只眼睛关注市场，关注不断变化的世界，他们很清楚在什么时间应该做什么事，结果，第一种"80% 的人"都在替他们打工。

心理学家曾经说，20% 的人身上集中了人类 80% 的智慧。现如今，我们也会惊奇地发现，"二八法则"几乎适用于我们生活中的方方面面，比如股票市场 80% 的人赔钱，仅仅只有 20% 的人赚钱。如果我们从理财角度进行分析，这里面包含了两层意思：第一，在家庭理财上，投资的金融品种没有必要做到全面，应该抓住关键的少数重点去进行突破；第二，对于一个理财产品我们不仅需要看到收益，更应该去看收益背后的风险补偿。因为现如今的市场是瞬息万变的，能够把握好一种流行趋势已经不易。因此，这就要求我们在进行任何一项理财决定之前，必须仔细研究分析市场，不仅要赶上潮流，更应该超前于潮流。道理非常简单，因为我们的需求是在不断变化的，市场更是不断变化的，可能今天很畅销的产品到了明天就无人问津了。

在日本，曾经有一位商人就是运用了"二八原理"，让他在钻石生意上面获得了意想不到的成功。

在20世纪60年代末某一年的冬季，这位日本商人开始抓住时机寻找钻石市场。他来到东京的一家百货公司，要求通过这家公司来推销他的钻石，当时这家公司根本就不理他，更是断然拒绝了他的这个请求。

但是他丝毫没有气馁，仍坚持用"二八原理"来说服这家公司，最后，他终于获得了这家公司在郊区的一家门店。这家店离闹市非常远，顾客极少，生意也不是很好，但是这个商人对这种情况一点儿都不担心。钻石毕竟是高级的奢侈品，更是少数有钱人的消费品，生意的着眼点首先就应该是抓住财主，不能够让他们漏网。在当时，这家公司曾经很不屑地说："钻石生意一天能卖2000万日元，就已经是很不错的成绩了。"可是这个商人立即反驳说："不，我可以卖到2亿日元给你们看。"

在当时，商人这样的说法无疑是痴人说梦。可是这位日本商人能够胸有成竹地说出这番话，就是源于他对"二八原理"的信心。

我们都知道，钻石是一种高级奢侈品，主要是高收入阶层的专用消费品，对于一般收入的人而言是购买不起的。但是从一般国家的统计数字来看，拥有巨大财富、居于高收入阶层的人数却要比一般人数要少得多。所以，我们也都存在这样一个观念：消费者少，利润肯定不高。可是我们大部分人都不会想到，居于高收入阶层的少数人却持有了大多数的金钱。换句话说，一般大众和高收入人数的比例为 80 : 20，可是他们所拥有的财富比例却要倒过来。

而这个日本商人正是看中了这点，他把自己的钻石生意的眼光投向了这些只占人口比例 20% 的有钱人的身上，结果获得了巨额的利润。

在之后的不长时间，这个商人的生意开始逐渐红火起来。他先是在这家店取得了日销售额 6000 万日元的好成绩，已经大大突破了一般人认为的 500 万日元的效益估量。

而当时又正值年关大拍卖，更是吸引来很多的顾客，这个商人抓住这一机会，和纽约的珠宝行联系，运来的各式大小钻石全部被抢购一空。紧接着，他又在东京周围设立营销点推销钻石，生意也是非常好。

后来，这位钻石商的日销售额突破了 3 亿日元，他实现了曾许下的诺言。

这位日本商人钻石生意成功了，他的法宝到底是什么呢？其实就是"二八原理"。

所以，当你决定投资理财的时候，你的眼光一定要独到一些。"不要把你所有的鸡蛋都放在一个篮子里"，这个是诺贝尔奖得主著名经济学家詹姆斯·托宾的理论，现如今早就成为众多老百姓日常理财中的"圣经"。但是著名的经济学家凯恩斯也曾经提出过一条非常著名的投资理念，那就是要把鸡蛋集中放在优质的篮子中，因为这样才能够让有限的资金产生最大化的收益。

之所以说"篮子"多并不能够化解风险，主要就是因为目前很多理财产品都是同质的，这就意味着你所面临的系统风险是一样的。举例而言，你投资了债券，又购买了债券基金，一旦债券市场出现了系统风险，那么你的这两个投资都会发生很严重的损失。所以，你首先应该关注的不是理财产品的收益率，而是应该对这些理财产品进行分析，尽量把 80% 的"鸡蛋"放在 20% 的牢靠"篮子"里，千万不要去选择一些太过于同质的理财产品进行反复投资，这样不仅无法获得分散资金的目的，反而可能会加大风险。另外，一旦选定好自己中意的项目，就要牢牢把握"二八原理"，力争使资金收益最大。

其实，对于任何一种理财产品而言，都存在利率风险、通货膨胀风险、流动风险和信用风险等。理财产品的收益率实际上应该是无风险收益加上风险补偿，我们可以把银行活期利率视为无风险收益。而从这个意义上而言，想要获得比市场高20%的收益，那么你将付出比一般银行储蓄多80%的风险。

你一旦了解了这一原理，那么在选择日常理财产品的时候，就应对高收益品种保持一份谨慎，特别是对于那些不符合目前规定的理财品种，在其高收益的背后，是对信用风险的补偿。收益越高，自然也就意味着其发生信用危机的可能性就越大，而这种信用风险实际上就是转嫁了处罚它的违规成本。

杠杆原理的使用：成也是它，败也是它

杠杆原理也称为"杠杆平衡条件"。在"重心"理论这一基础上，阿基米德又发现了杠杆原理，也就是"二重物平衡时，它们离支点的距离与重量成反比"。阿基米德对于杠杆的研究并不仅仅只是停留在理论方面，他还根据这一原理进行了一系列的发明创造。

据说，阿基米德曾经借助杠杆和滑轮组，让停放在沙滩上的桅船顺利下到水中；在保卫叙拉古免受罗马海军袭击的战斗中，阿基米德利用杠杆原理制造了远、近距离的投石器，利用它射出的各种飞弹和巨石攻击敌人，曾经把罗马人阻于叙拉古城外达 3 年之久。

其实，杆杆原理我们也可以充分应用到投资当中，利用很小的资金获得很大的收益。

比如，我们就以投资服装生意来举例说明杠杆原理在理财方面的应用。假如你现在有 10000 元，那就可以做 10000 元钱的生意了，买入 10000 元的衣服可以卖出 14000 元，自己赚了 4000 元，这就是自己的钱赚的钱，换句话说，这就是那 10000 元本钱带来的利润，这当中是没有杠杆作用的。

我们都知道，从银行贷款是要给银行利息的，而利息就是你从银行拿钱出来使用的成本。这也就是等于你用利息来购买银行钱的使用权，使用之后你必须还给银行。如果你看准做服装生意肯定是赚钱的，那么你可以从银行贷款 10 万元，使用一个星期，假如利息正好是 1000 元。那么这就等于是你用原来做本钱 1000 元买了银行 10 万元的使用权，用这 10 万元买了衣服，卖出后得到 14 万元。那么你自己就赚了 4 万元。这其实就是用自己的 1000 元撬动了 10 万元的力量，用 10 万元的力量赚了 4 万元，而这就是一个非常典型的杠杆的例子。

杠杆原理用在理财上，作用大小经常是用"倍"来表示。假如你用100 元投资 1000 元的生意，那么这就是 10 倍的杠杆。如果你用 100 元投资 1 万元的生意，那么这就是 100 倍的杠杆。

再比如你在进行外汇保证金交易的时候，也是充分地使用了杠杆原理，这种杠杆 10 倍、50 倍、100 倍、200 倍、400 倍的都有，而最大是可以使用 400 倍的杠杆，等于把你自己的本钱放大 400 倍来使用，如果你有1 万元，就相当于你有 400 万元，可以做 400 万的生意了。

在我们买房子进行按揭的时候，也是利用了杠杆原理。大部分人买房子都不是一笔付清的。如果你买一幢 100 万元的房子，首付是 20 万元，你等于是使用了 5 倍的杠杆。如果房价增值 10% 的话，那么你的投资回报就达到了 50%。如果你的首付是 10 万元的话，杠杆就变成 10 倍。假如房价涨了 10%，那么你的投资回报就是一倍。由此可见，用杠杆赚钱是非常快的。

但是，俗话说得好，"凡事有一利就有一弊，甘蔗没有两头甜"，杠杆原理也不例外。杠杆可以把回报放大，它同样也能够把损失放大。

我们还是用 100 万元的房子来举例，如果房价跌了 10%，那么 5 倍的杠杆损失就是 50%。10 倍的杠杆损失，就是让你的本钱全部赔进去。比如美国曾经发生的次贷危机，其主要原因就是杠杆的倍数太大。

在股票、房价疯涨的时候，有很多人恨不得把杠杆能够用到 100 倍以上，因为这样的回报快，一本万利；可是当股票、房价大幅下跌的时候，杠杆的放大效应就会逼迫很多人把股票和房子以低价卖出。而就在人们把股票和房子低价卖出的时候，必然也会造成越来越多的家庭出现资不抵债的情况，最后只能将资产以更低的价格出售，从而造成恶性循环，导致严重的经济危机。

总而言之，我们在使用杠杆前一定要把握住一个非常重要的核心，那就是成功与失败的概率是多大。如果是赚钱的概率比较大，自然就可以用很大的杠杆，因为这样赚钱快。可是如果失败的概率比较大，那么就不能利用杠杆了，因为用了就意味着失败，而且会赔得很惨。

复利原理：钱能生钱，利能滚利

复利原理可以称为世界第九大奇迹。凭着数字赐予的魔力，复利能够让一笔小钱在一段时间之后变成一笔巨款。爱因斯坦曾经说过，复利是展现时间价值的最为神奇的数学概念。

当然，玩转复利也并不一定需要拥有一颗天才的脑袋。即使是最平庸的人也是可以通过复利来积攒财富的。复利虽然神奇，我们只要了解了，就觉得再简单不过了。

复利的原理非常简单。当你存款或者投资，投入的钱就有了利息或者增值。上一年的利息在下一年里就会产生新的利息，这样一年年下去，你的利息就会越来越多，钱就跟滚雪球一样越滚越大。其实，早在我们古代，古人就已经有一个非常形象的词来形容它：利滚利。

驯服复利这头猛兽并不困难，你可以开设一个储蓄或者是投资账户，之后就什么都不用管了。我们只需要耐心地坐下，然后就踏踏实实地等着复利给我们钱生钱吧。

一、储蓄和投资尽早开始

二十几岁或者三十来岁时，时间是你最好的朋友。早早地滚动复利的雪球就可以让你获得比别人更多的财富。

举个例子，张丽娟22岁从大学毕业之后，每个月存300元用于六年期的基金定投，假设年收益率为10%，等到张丽娟28岁的时候，当她由于家庭消费的需要不再进行投资的时候，她投入的资金为21600元。如果我们不考虑通货膨胀，等到张丽娟65岁的时候，她的财富将上升到100万元。

我们再假设张丽娟从31岁开始存钱。如果她想要在65岁时拥有100万的话，那她就得每月交300元，连续交34年，也就是说她得投入12.6万元。这么看来，仅仅提前9年，就少付出了10万余元。

所以，储蓄和投资早一点儿开始，财富积累就更容易一些，付出的代价也会更少一些。

二、积少成多

你要明白，百万富翁也是由很多个一分钱积聚起来的。有很多人认为自己没有足够的钱去投资，其实这完全是一种错误的观念。

我们举个例子：假设有一个年轻女人从 20 岁开始每个月投入 200 元作基金定投，再假设年利率为 10%，那么等到她 65 岁的时候，她将拥有超过 200 万元。

每个月 200 元多吗？其实就是少买一件衣服，少买一件化妆品就能够省出来的事情。

当然，也有的人对于利率的高低抱着无所谓的态度，认为相差那几个百分点是完全可以忽略的。可是事实并非如此，中国古代有句话叫"失之毫厘，谬以千里"，这句话放在利率上也一样成立。上面的例子里，如果把年利率变成 9%，那么她到最后就只能够得到 150 万元。利率上一个百分点的差距，那么就会让最后的结果相差 25% 还多。

而这样就是为什么年轻人都应该积极地投资于高收益金融产品的原因。在二十多岁的时候，把几乎所有的钱都投入到基金或者是股票当中，等到二三十年之后，我们就完全有理由期待一笔巨大的回报。当然，在这期间很长的一段时间里，我们的财富也可能会快速地膨胀或缩水。

三、不要频繁操作

什么事情都不做就能够挣到一笔大钱，这句话听起来就好像是一个神话，但是却是有道理的。试想你每天都查看账户，看着上面的数字上涨或下跌，这又有什么意义呢？

在投资理财过程中，只要你选中一个好项目进行投资，你就完全可以坐等复利发挥威力。千万不要指望一夜暴富，应该从年轻的时候开始投资，让你的钱利滚利，这样你成为富人并不是一种奢望了。

也许有人会问，等到四十年之后，百万富翁会不会不值钱。不错，通货膨胀会让明天的钱不值钱，但是这恰恰就是我们要进行投资的原因之一。在刚开始工作的时候，可能 200 元就是你的全部剩余资金，但是随着时间的慢慢推移，你的收入就会逐渐提高，你能够用于投资的余钱也会更多，复利也就能够更好、更快地发挥作用。更何况，四十年之后拥有一百万，怎么也比一无所有要强得多。

因此，尽可能多的存钱，尽可能早的投资，让你的复利展现其魔力，之后你就可以坐享其成了。

阶梯式存款法：中长期投资的上佳方案

在"80后"中，独生子女的比例很大，这就使得以后一对夫妻需要承担赡养四个老人及养育一个子女的重大责任和义务。如果遇到夫妻双方都是"月光族"，再不学会理财，"月光家庭"就会随之诞生了。

24岁的陈小姐是北京某生活周刊的编辑，月收入在4000元左右。"发工资的时候我最富。"陈小姐经常这样说。由于家境较好，在她身上经常能够看到最新的时尚元素。为了追赶潮流，陈小姐没少在穿着打扮方面花钱。"当然，到了月末，工资已经是花光了，有时候还得向老爸老妈要赞助才能勉强度过发工资前的'艰苦'时光。"当我们问起陈小姐的理财经时，她一脸茫然。陈小姐从小吃穿不愁，对存钱储蓄根本没有概念，对最新的投资理财工具更是一概不知。

相信像陈小姐这样的"80后"不在少数，很多刚刚走上工作岗位的年轻人，崇尚名牌，追求新颖，购物缺乏理性，往往凭着一时的兴趣冲动去消费。在他们看来，现阶段生活没有任何负担，父母不需要我们养老，也没有孩子需要养育，理财是一件遥不可及的事情。殊不知，此时无所顾忌的消费是有代价的，你必须为此付出巨大的成本。未来的生活充满着不确定性，学不会理财极有可能成为"新贫一族"。但是，如果能够在平日里多注意生活中理财的小细节，选择合适的生活方式和投资工具，日子一样可以过得很殷实。

1. 要学会开支预算

理财理财，首先要有财可理。对于刚刚参加工作不久的"月光族"来说，当务之急是要聚集财富。可以每月提前做一个强制性的开支预算，在收入的范围内计划好每月中各项必需的支出，包括住房、食品、衣着、通讯、休闲娱乐等方面，尽量压缩不必要的开支。

吴某和何某都是刚刚参加工作一年的年轻人。吴某，24岁，未婚，月收入 2600 元；何某，23岁，未婚，月收入 1600 元。按常理说，吴某每月收入比何某多 1000 元，他应该比何某更具备理财的条件。但是半年后，何某存下了 4000 元，而吴某只存下了不到 600 元。

为什么会有这样的结果？看看下面这个表格就明白了。

单位：（元）

| | 月薪 | 生活各项开支 | | | | | 节余 |
		衣	食	住	行	其他	
吴某	2600元	500元 大商场购买	500元 饭店订餐	800元 市内一居室	100元 公交车，有时打车	600元 健身、旅行、购置电子产品	100元
何某	1600元	100元 小店淘货	300元 自己带饭	200元 郊区合租	50元 自行车，有时公交	250元 通讯、书籍	700元

吴某平时花销没有计划，粗略算下来，基本生活消费加上娱乐消费，使得一个月的工资所剩无几；而何某虽然工资低，但是一切消费支出都有计划，每个月都可节余 700 元左右。这样算下来，何某半年能节余 4200

元，除去一些别的开销，何某将这 4000 元转成了一年期定期存款。

2. 要坚持记账

俗话说"挣钱针挑土，用钱水冲沙"，"月光族"经常在工资花完后却不知道钱花到了哪里，这时，记账就显得尤为重要了。

苏西西是标准的"月光族"，虽然自己每个月的收入将近 5000 元，可是每个月还是要父母"救济"1000 元左右才能生活。那么，这几千元的生活费是怎么花掉的呢?

上周末，她揣了 100 元钱去逛家乐福，原本只想买 20 元的洗发水，结果到了家乐福，觉得这也好，那也好，忍不住把 100 元钱全花光了。出了家乐福，旁边一家服装店的一款夏装正是自己的最爱，考虑再三，觉得错过之后不一定能再碰到这么喜欢的。虽然此时已身无分文，但是信用卡还在，必须拿下。回家的路上路过一个卖饰品的商店，继续进去扫货……结果，一路刷卡下来，对花了多少钱早已没了概念，到最后大包小包地拿了一堆东西回家。开始几天还满心欢喜，可新鲜劲儿一过，许多东西就被束之高阁，打入冷宫。苏西西也为此后悔过，但是过不了几天，冲动劲儿一上来，新的血拼就会再次上演。

由此可见，养成记账的习惯是多么的重要。通过记账的方法，可以清楚地了解到自己每个月的钱到底都用到什么地方去了，哪部分开支是应该花的，哪部分开支是可花可不花的，而不用像以前那样每个月钱花光了也不知道是怎么花了的。选择记账的方法不仅可以使自己的花销情况一目了然，还能时刻提醒自己这个月已经花了多少了，从而避免入不敷出的情况。

3. 从细节开源节流进行投资理财

这时不妨选择阶梯式存款法。这种储蓄方法既能帮助"月光族"控制自己的消费欲望，还能满足年轻人生活中的各项需求。具体操作方法是：在前 3 个月时，根据自身情况每个月拿出一定资金存入 3 个月定期存款，从第 4 个月开始，每个月便有一个存款是到期的。如果不提取，可以选择自动转存，将其自动改为 6 个月、1 年或者 2 年的定存；之后在第 4 到第 6 个月，每月再存入一定资金作为 6 个月的定存。采取这种阶梯式的存款方法，不仅能够保证年度储蓄到期额保持等量平衡，而且还能获取定期存款的较高利息。

杜琳琳去年年底共发年终奖 5 万元，考虑到近期用不到这笔钱，但是又不确定什么时间会急用，她在理财师的建议下，将这 5 万元平均分为 5 份，各按一年、两年、三年、四年、五年定期存为五份存款。等到一年过后，杜琳琳将到期的一年定期存单续存并改为五年定期，第二年过后，则把到期的两年定期存单续存并改为五年定期，以此类推，五年后，杜琳琳的五张存单就都变成五年期的定期存单，而且每年都会有一张存单到期。这样，既方便使用，又可享受到五年定期的高利息。

阶梯式存款法还有一个好处就是可以跟上利率调整，属于一种中长期储蓄的方式。如果将所有积蓄存成一张定期存单，遇到利率增长的情况时，为了避免提前支取造成的利息损失，就只能望洋兴叹了。选择阶梯式存款法可以保证每年都有一张存单到期，即使遇到利率增长，也可灵活选择，争取利息的最大化。

4. 在不同年龄段，把握好自己的理财方向

女人三十：初为人母，家庭为主，理财求稳

三十多岁也许是女人一生当中最辛苦的阶段了，此时基本上有了自己的家庭，拥有或者马上拥有自己的孩子，生活的全部重心都放在了家庭里。

30 岁的女人也刚刚开始规划自己的人生，钱财上虽然离"月光族"不远，但是却无法再随心所欲、大手大脚地花钱。因为家庭的计划已经被放到了很重要的位置上，30 岁的女人也开始关心自己的未来，所以在生活中更加重视投资理财，大多数女性都是在此时开始进行投资理财的，比如买保险等。

作为 30 岁的女性，此时已经处于"上有老，下有小"的人生阶段，需要和自己的老公一起担负起家庭的重任。此时，你需要考虑的是让自己有保障。养老保险和医疗保险这两项内容都是必不可少的。你要明白，你的下一代将要面对的是一对孩子养 4 个老人的局面，此时的准备就是为了将来给子女减轻一些压力。

在汕头生活的李女士已经结婚三年了，她年收入 15 万元，每个月房贷 2000 元。在今年刚生了一个可爱的宝贝女儿。她觉得自己家的经济条件还算富裕，于是决定和老公一起给女儿买一份保险，就这样，他们找到

了一个理财顾问进行咨询，看看应该选择什么样的保险品种。

真是不咨询不知道，一咨询吓一跳。原来保险里面还有这么多的学问。理财顾问告诉李女士一家，如果为孩子投资教育金，另外附加一份综合性意外住院医疗险，则可以包含所有的意外医疗事故的报销。家庭保险则应该以家庭经济支柱一方为主要，再搭配上重大疾病保险。当然，具体的情况还需要看每一个家庭的实际经济情况，把握的原则是家庭交保费不超过全家年收入的20%，否则将会影响到家庭的收支。

当孩子出生之后，他自然就成为家庭中关注的重点，而孩子的教育费用也成为家庭的主要支出。从孩子出生到上幼儿园，各种费用按照大城市的平均水平算下来需5万元。3岁孩子上幼儿园，按照大城市的标准，幼儿园每月托管费是1600元。按7岁孩子上小学算，小学每学期学费大约1250元，一共是12学期；初中6个学期，按照每学期1450元计算，再算上择校费1万元；高中6个学期，每学期1650元，如果能够顺利考上一所消费中等的大学，每学年大约需要7000元，要读4年。

生活费，我们按照中小学每月300元计算，大学按800元计算；图书费、上网费，中小学每年200元，大学每月100元。因此，算起来孩子上学20年，需要花掉20万～30万元。再加上上学之前的5万元，总共25万～35万元。而且这仅仅是保守算法，还没有考虑到孩子求学过程中生病、转学、留级，以及大学读完后的继续深造等费用。

面对如此巨大的开支，初为人母的你必须要提前做好打算，尽早开始准备孩子的教育经费。与此同时，因为孩子年龄尚小，在成长的过程中难免会遇到一些危险，再给孩子购买一份保险也是一种不错的选择。

保险是指投保人根据合同约定，向保险人支付保险费，保险人对于合同约定的可能发生的事故因其发生所造成的财产损失承担赔偿保险金责任，或者当被保险人死亡、伤残、疾病或者达到合同约定的年龄、期限时承担给付保险金责任的商业行为。

购买保险就是为了给自己和家人的人身和财产提供可靠的保障，也是为了减少意外事件带来的损失的一种方式。

但是保险还是被大多数人所忽视，原因主要有几方面：第一，很多人买了保险，却几年甚至十几年还没有受益，感觉只是白白交钱；第二，认为小毛病上医院看看就行，大病也不一定轮到自己；第三，现如今市场上很多保险推销员的推销方式让人反感。

我们不要认为保险对自己的家庭没有意义。其实，你的孩子就好像是一个脆弱易碎的瓷娃娃，自身抵御风险的能力是很低的。而且，现如今医药费很高，特别是一些大病和疑难杂症。当面对高额的费用时，你肯定会一筹莫展。而此时，保险的作用就体现出来了。第一，它可以帮你报销一部分甚至全部的医药费，大大减轻你的经济负担。第二，它可以帮助你减轻生活压力，从而自信地面对一切，在精神层面帮你树立信心。

当今社会，保险已经不只是一种人身或财产的保障，更是一种投资方式。所以，在接触保险之前，你需要掌握必要的保险知识，这是你高效、顺利地进行保险投资的基础。

女人四十：规划理财，投资教育，保障生活

调查发现，四十多岁的人是参与投资理财的主力军。因为这个年纪的人真正有了可以控制的多余资金，再加上经过了 20 岁到 30 岁的积累，四十多

岁的人已经知道如何控制自己的消费，而且也开始有意识地关注投资领域。

王女士今年 43 岁，老公 44 岁，二人在同一个地方工作。女儿今年 15 岁，和奶奶一起生活。王女士和老公每年大概回家两次。王女士的工资是 3900 元／月，预计下半年还将有 500 元～800 元的涨幅，年底还有一个月工资的年终奖。她的老公工资是 2000 元／月，用于日常开支和每个月给女儿 500 元的生活费。王女士一家在市郊有一套住房，单间三层，简单装修，目前还空着。他们的支出情况是：房租加水电费 400 元／月，生活费及其他费用全部由老公的工资来支付。每月需要给双方父母 500 元的赡养费。

王女士是一个很有计划的人，女儿马上就上初中了，学习成绩很好。王女士想平时省吃俭用，多留下一些钱，先把女儿今后上大学的钱攒出来。

当下，随着社会的不断发展，离开家乡寻找更好的发展机会已经成为人们的普遍共识。像王女士目前的家庭财务状态也是很具有代表性的，总体而言家庭收入不高，但是所承担的家庭负担却很重，不仅有双方的父母需要照顾，还有即将上初中的女儿，因此，作为家庭中的"中流砥柱"，王女士考虑理财问题就很有必要了。

我们通过理财金字塔结构进行分析，王女士的家庭财务状况缺少了关键性的结构，也就是没有保险作为基础，而且理财手段很单一。在 40 岁这个阶段，大多数人都已经有了房子和车子，可能面临的最大问题就是孩子的教育问题。

一旦孩子上学之后，花钱的重头戏也就开始了。一项调查显示，现如今，家长们一致认为择校费和培训班的费用几乎能要了自己的命。如果是上私立的学校，那么每学期的费用都会过万，这就相当于上大学了。如果孩子的功课再不好，需要请家教，那么一年的费用又要几千，甚至上万元。所以，我们很有必要从孩子一出生，就通过教育储蓄或者基金定投的方式为孩子储存未来的教育基金。举例而言，如果每月定投 500 元，那么 18 年后就可以为孩子积累 30 万元的教育基金。

对于孩子教育费用的定期投资在短时间内收获可能是非常有限的。需要经过几年，甚至更长的时间才能够看到回报。

那么，这样一笔投资的钱从何而来呢？除了需要自己和老公务力赚钱之外，还需要你充分发挥家庭主妇的优势，管理好家庭的生活费用，做到开源节流。

一、想要节省开支的第一步定是削减支出

购物可以说是家庭最主要的消费方式，更是很多家庭主妇最热衷的活动。然而我们想要控制家庭的支出，那么先要控制购物的支出，尽量减少去商场和超市的次数。不管是自己购物还是和别人一起购物，都应该减少，特别是一些重复性消费，更应该避免。

二、让全家人都养成节俭的好习惯

我们以家庭用水为例，一盆水可以先淘米，再洗菜，再冲马桶，这样就可以节省很多水。与此同时，我们还可以对家中的冲水马桶和洗手台进行改造。比如在固定容量的马桶中放入一瓶水，就能减少每次冲水量。其实，我们只要适当地改变一下小习惯，长期坚持下去就能节省一笔不小的费用。

对于 40 岁的女性而言，心智已经成熟，投资理财变得更加理性，这个时候一夜暴富的心态早已经没有了，反而更追求一种相对比较稳定的理财方式。

特别是作为家庭中的财政主管，如果能够多花一些心思对家庭经济开支进行合理而有效的控制，日常支出就会降低，在此基础上再做好孩子的教育基金投资，就能够很好地解决日后家庭开支的后顾之忧，舒适幸福的生活将会随之而来。

女人五十：扩大投资，降低风险，筹备晚景

对于 50 岁以上的女人而言，在进行个人理财规划的时候，多以稳重保守为主。

有很多女性在四十多岁的时候就已经开始认真考虑退休问题了，而比较乐观的女性则期待着自己能够在 50 ～ 55 岁就开始享受退休生活了。而有一些高收入的女性早已经开始尝试其他的退休基金计划。这类女性有着很强的主见，从选择投资的产品以及投资策略而言，她们也通常会选择年收益率比较平稳的产品。

王慧芳是一家企业的职工，已经 53 岁的她在理财的时候更注重国债、基金、存款等一些安全性比较高的产品。每次发行国债，王慧芳总会一大早就前往银行排队或者进行咨询。自从开始了理财生活以来，王慧芳就养成了每天收听、观看、阅读新闻的习惯。

记得 2008 年的时候，在一位朋友的提醒下，王慧芳突然有了理财的想法。当时由于自己的理财知识比较少，她在咨询了朋友的意见之后，第一次尝试的就是国债回购业务。通过这种风险比较小的业务，王慧芳每一次操作都能够获得一部分的收益。虽然王慧芳将这些收益称之为"小钱"，但是这些"小钱"的收益却大大高于活期存款的利息了。

王慧芳在尝到甜头之后，又开始从各种渠道了解银行所发售的理财产品，而且还逐渐接触到了基金。王慧芳最先购买的是货币基金，而这种基金也是

各种基金当中风险最小的一种产品，可是其收益率却大于国债。

随后，王慧芳遇到了一家银行的客户经理，并且逐渐接受了偏股型基金。2009 年的时候，王慧芳购买了国内一家大基金公司发售的偏股型基金后，仅仅用了一个月的时间，就获得了 12% 的收益。紧接着，她又进行了几次"换手"，每一次都能够获得 10% 以上的收益。

像王慧芳这样，很多五十多岁的女性在退休之后，一般都会有一些存款或退休金，趁着退休之后还有很多时间可以利用，她们更应该树立理财的新观念，不仅仅是将钱存在银行里让其处于"退休"状态，而是应该选择适合自己的"以钱生钱"的理财渠道。

在投资目标的选择上必须以低风险的基金产品为主要考虑对象。五十多岁的女性在这一时期的投资首先要考虑的是稳妥，理财产品应该选择货币基金、国债、人民币理财产品、外币理财产品等。就像上面案例当中的王女士，选择购买国债和基金就是一个非常好的选择，风险小而且还能够让原先积累的财富实现保值增值。

现如今市场上的投资品种很多，但是各个投资品种的收益有高低之分，风险也有大小之分。其实所有的理财产品都是存在一定风险的，50 岁的女性在投资理财过程中更应该清楚地认识到这一点，并且要把握的一条基本原则就是安全投资、防范风险。我们可以从以下两方面进行：

一、选择适当的储蓄品种

五十多岁的女性不要把退休金全部放在家里或者是都存成了活期储蓄，一定要选择适当的储蓄品种让自己的利息最大化，比如我们可以通过零存整取的方式来增加利息的收益。以中国邮政储蓄银行为例，2011 年一年期零存整取的利率是 3.25%，活期储蓄利率为 0.5%，两者的收益相差 2.75%。一般情况下可以和银行约定每月自动将退休金划转到定期账户中。

二、选择货币市场基金

和储蓄相比，货币市场基金也具有一些优点：一方面，持有货币市场基金所获得的收入可以享受免税的政策。另一方面，对于收益稍高的银行定期储蓄而言，储户急需用钱的时候往往无法及时取回，能随时存取款的活期储蓄税后利息又变得非常低。而货币市场基金却可以在工作日随时申购、赎回，通常情况下，申请赎回的第二天我们就可以取到钱，收益率一般也要大于一年期的定期存款。

年龄一大，我们自然就会体现出对生命的担忧，想要追求更高的生活品质，避免自身疾病的发生。

曾经有一位资深的保险顾问问过这样一个问题：什么时候买保险最划算？答案是：临死前一天。今天签字，交一个月的保费，几百块，明天就出事，赔偿50万元，该多好。这些在年轻的时候认为不重要，甚至不屑一顾的事情在五十多岁的时候就显得很重要了。因为身体状况开始变得越来越差了；因为看病的可能性也越来越高；因为退休的日子就在眼前，手里却没有一些可以傍身的"武器"。

此时家庭的收入还可以，而且与前几个阶段相比，女性在精力与心理承受力上都有所下降。在个人财产管理当中会把"风险"当作一个关键的因素来考虑。由于女性的生理特点，在进入中年甚至更早的年龄阶段，妇科疾病自然会陆陆续续找上门来，购买有针对性的女性医疗保险必不可少。

对于女性来说身体健康是非常重要的，所以必须进行健康投资。面对随时可能发生的疾病，一定要做好先期投入，比如购买一份保险。这样既可以增加自己的风险抵抗力，也能够减轻儿女的经济压力。与此同时，还可以选择定期购买一些保健品，用来保养身体。另外，还可以经常出门进行短途旅游，或者是参加适当的健身活动。

当然，女性的理财方案需要结合家庭状况和人生阶段分步骤具体实施，比如可以将每月收入采取"三三三"分配的原则，即 1/3 作为日常开销；1/3 进行定期定额投资开放式基金；最后 1/3 用于储蓄以备不时之需。

　　总体而言，我们应该从健康医疗、子女教育、退休养老等方面来为自己进行理财规划，比如，可以参加银行的教育储蓄，购买医疗保险。如果是进行炒股、买卖外汇等风险性投资，建议资金不要超过家庭收入的 1/3；购买保险，目前比较通用的定律就是拿出年薪的 10% 用于缴纳每年的保费。

女人六十：享受为主，健康为主，保本为主

　　健康是我们最大的财富。疾病带给我们的除了生理和心理的压力之外，还会让我们面临越来越沉重的经济负担。根据一项调查显示，77% 的人对于健康险有需求，特别是对于六十多岁的女性朋友而言更是如此。女人一旦进入 60 岁的门槛，很快就会发现原本还算健朗的身体变得越来越差了。

　　六十多岁的女性不会像以前那样很看重钱财，追求金钱的观念早已经在她们身上消失了，钱只要够花成了她们新的金钱观。而和金钱相比，健康对于六十多岁的女性而言更为重要。

　　与金钱相比，她们更希望自己有一个好身体。这体现在个人理财方面，就是她们对既有财富的保值上主要以保本为主。那些风险系数比较大的股票已经不再是她们的选择，在以稳定为前提的储蓄保证自己既有财产的基础上，她们把目光转移到了健康保险上，预防可能发生的风险，避免因为疾病造成的财产损失。

宋大妈今年 60 岁，刚刚从一家大型企业退休，每个月的退休金为 3000 元，老伴 63 岁，在小区附近开了一家小超市，每个月也能够盈利 2000 元左右。儿子早已经自立门户，自给自足。

由于二老都是老广州人，宋大妈一家还在越秀区有一套 25 年楼龄、一室一厅的老小区房，现在处于出租中，月入租金 1500 元，如果是转卖，那么房价大概为 60 万元。除此之外，她和老伴自住一套市价 150 万元的小区房。宋大妈和老伴生活非常简朴，因此每个月的开销不大。

宋大妈和老伴目前有存款二十多万元，其中 10 万元为定期存款，此外还购买了 5 万元的国债。老伴希望能够早日真正退休，停掉自己小超市的生意，希望目前的投资能够有一个稳定的回报。

投资理财是一门学问，而且有着很多的"说道"，特别是在实战过程中，更应科学而谨慎。对于六十多岁的女性而言，需要掌握好以下原则：

一、多元化投资，千万不要把鸡蛋放在一个篮子里

到了六十多岁，很多人手里的积蓄不多了，而且这部分钱大多数又是养老用的，投资时一定要慎重。在投资理财时，最好能够采取多种方式和渠道，把手中有限的资金进行科学分解，千万不要把全部积蓄都投在一个篮子里。

二、选择稳健型理财产品

可以这样说，60 岁的女性朋友手中的钱大多都是多年来辛辛苦苦攒下的积蓄，因此不能在理财时"豪掷"。再加上老年人的承受能力差，身体健康方面等原因，所以不要把积蓄投向风险比较大、起伏波动频繁的理财产品。而应该选择那些稳妥、保险、稳中有升的理财产品。

三、有自己的风格，不要盲目跟风

有一些女性朋友在理财的时候，经常是摇摆不定，于是便开始求教于他人，任由他人"指点迷津"。其实，这样的做法是非常不可取的。60 岁女性理财一定要有自己的主见。每个人的经济基础情况是不完全相同的，

"一刀切"只能是削足适履。在理财的时候一定要坚持自己的风格,千万不要受外界的干扰,更不要受所谓"理财高人"的指点和迷惑。

四、多听多看,多渠道获得信息

在理财的时候,60岁的女性也要经常跑理财机构,比如银行、证券公司、房地产开发公司等,多方面去打探消息,及时掌握理财的发展动向和出台的最新政策。

六十多岁的女性通常生活比较节俭,但是也没有必要过度节俭,因为"小处节省,大处浪费"是不足取的。

懂得投资理财的人,不会以心智的发展和能力的提高为代价来拼命节约,因为这些都是你事业成功的资本和达到目标的动力,所以不要因此而扼杀你的创造力和"生产力"。要想方设法提高你的能力和水平,这样才能够帮助你最大限度地挖掘潜力,让你身体健康,从而感受到无限的快乐。

对于上了年纪的女性来说,赚钱是第二位,而健康才是最重要的。除了进行适当的储蓄、国债投资,六十多岁的女性还需要购买一份适合自己的健康保险。但是健康险包括哪些品种,又应该如何进行购买,很多人对此依旧是懵懵懂懂的。那么以下就为你如何购买健康险提供一些合理化的建议:

你在购买保险之前,首先需要确定自己的保险需求。根据自己的需求大小进行一个排列,优先考虑的是最需要的险种。

通常情况下,保险公司都会根据人们日常生活当中的6大类需求来设计保险产品,分别是投资、子女、养老、健康、保障、意外。以健康需求为目的,在购买保险之前一定要确定自己和家人将来所要面临的医疗费用风险。

齐女士已经步入不惑之年,生活稳定,工作也渐入佳境。她在两年前为自己投保缴费20年期的人寿保险,而且还附加了个人住院医疗保险。今年年初,齐女士由于身体不适,去医院检查发现患有再生障碍性贫血。通过几个月的治疗,病情得到了有效的控制,医疗费用也及时得到了保险

公司的理赔。

可是不料，就在几天前，齐女士忽然接到保险公司通知，称根据其目前的健康状况，将无法再续保附加医疗险。她非常不理解，认为买保险就是为了有一个长远保障，为什么赔了一次就不能再续保了呢？

虽然齐女士投保的主险是长期产品，但是所附加的医疗险则属于1年期短期险种，在合同当中有这样的条款："本附加保险合同的保险期间为1年，自本公司收取保险费后的次日零时起至约定的终止日24时止。对附加短险，公司有权不接受续保。保险期届满，本公司不接受续约时，本附加合同效力终止。"

因此，保证续保千万不要忽视。有很多保险公司根据市场需求陆续推出了保证续保的医疗保险。而且有一些险种规定，在几年内缴纳有限的保费之后就可以获得终身住院医疗补贴保障，从而很好地解决了传统型附加医疗险必须每年投保一次的问题。对于被保险人而言，有无"保证续保权"是非常重要的。因此，在投保的时候一定要详细了解保单条款，选择能够保证续保的险种。

由于我们的记忆力存在衰退的问题，六十多岁的女性在理财过程中还可以制订一个理财簿，每两个月将自己的理财项目运行状况进行一个归纳总结，找出成绩和不足，总结财富到底有没有流失。

最后需要提醒大家的是，即使你现在还年轻，依然要提前做好人生不同阶段的理财规划，要尽早设定财务目标，哪怕是在退休之后，也不必节衣缩食或者担心未来，而且能够快乐地享受富裕的生活。

5. 从创业到创收，做个酷酷的老板娘

昨天的不务正业，就是今天的务正业

随着年龄的增长，很多女人会对自己所从事的工作产生怀疑和恐慌。有的是因为所做的并不是自己真正喜欢的工作，所以产生了厌倦；有的是因为自身知识结构老化，在竞争中居于劣势；还有的是因为职业特点所限，以后就不宜再干了……她们也常常琢磨着：是不是该给自己的事业重新定位？换种工作是不是会好一点儿？但她们又总拿不定主意，时间就在一拖再拖中过去了。其实，当你发现自己的职业再也吸引不了你，你的工作不再适合你时，就应该果断地转型，给自己换个全新的跑道，你还能赶得上人生的最后一次冲刺！

游人在海滩的水洼里看到一种小螃蟹，就请教渔民是什么种类。结果渔民说："这种螃蟹叫寄居蟹，其实也是普通的螃蟹，只不过是被潮水带到岸边来的。如果回到海里它们也可以长到碗口大。可它们总是留恋着海水带来的一点儿微薄海藻，以此作为食物，吃不饱、饿不死，也长不大！它们会在这里一直拖到水洼干枯，才会回到海中，但并不是所有的都能安全撤退，很多都因为过度虚弱死在海边了！"想一想，有些人是不是也像

那些寄居蟹一样，宁愿守着毫无前途的职业，死拖着不肯转型，等到被迫转型时，才发现已经太迟了！

为了长远利益，牺牲眼前的小利。这句话说起来容易，但又有几人能做到？很多女人在事业面临危机时也想转型，但却由于种种原因舍不得安逸的环境、较高的薪酬，或是外表风光的职位。于是转型的念头转了又转，到最后却只能不了了之。这就像是一只被放进锅里煮的青蛙，温水的时候贪图舒服不肯跳出去，等到烫手的时候想跳也来不及了！

认识陈红的人都说她这几年老得太快了！陈红刚刚进入不惑之年，是一家电子厂的技术副厂长，也称得上小有成就，但陈红这两年过得远没有看上去那么风光！电子厂规模小，技术落后，在竞争中屡战屡败，现在已经是摇摇欲坠！今天传兼并，明天说倒闭，后天又说要裁员……其实，电子厂的现况陈红 5 年前就料到了。她也认为电子厂肯定无法适应将来的激烈竞争，所以打算放弃本行，改做保险。她接洽了一家保险公司，而对方对陈红也十分满意，但考虑到陈红缺少这方面的经验，因此请她从较低职位做起。就在陈红兴高采烈准备转行时，却发生了一件事。丈夫忽然要求她干完这个月再换工作，陈红很奇怪就追问为什么，丈夫这才不好意思地说，半个月后是他们同学聚会的日子，他希望到时候妻子的身份仍能是副厂长，这样他脸上会更有光。这件事对陈红触动很大，她觉得转型真不是一件容易的事，方方面面都得考虑到。总得替丈夫着想一下吧！一夜辗转难眠后，陈红又放弃了转型计划。现在一想起这件事，陈红就后悔极了！当时若能趁早转型，今天说不准才是真的风风光光。

与陈红形成鲜明对比的是吴彤。吴彤在网络公司工作，也步入中年了，她明显地感受到了危机。她知道，网络行业里的技术饭碗是年轻人端的，她面临事业转型了。这时，她找到了一个很好的发展方向，且与新机构上司的想法一拍即合。事事都如意，唯独年薪要比在网络公司的时候少一点儿。吴彤觉得年薪少点儿没什么，但丈夫却对此颇有微词："真没见过你这样的，薪水高的不干，偏要挣少的！你是怕钱多了没地儿放吗？再说 40 岁的人了，还瞎折腾什么？"面对丈夫的指责，吴彤也很矛盾。于是，她在半夜给远在国外的闺蜜打了个电话，听完吴彤的诉说后，闺蜜只说了一句："我问你，你还有几个 40 岁？"这句话使吴彤如梦初醒：自己只有一个 40 岁，现在再犹豫不定，等到 50 岁时，想转行又有谁会要你？吴彤第二天就在众人叹息的眼光里辞去了工作，转到新公司，现在已升到部门经理了。

如果你的工作真的不再适合你了，那么现在转型就是你最佳的选择。转型了你仍是大有可为；如果你选择安于现状，那你不仅会心情郁闷，还极有可能在长江后浪推前浪的形势下被"后浪"夺去位置，到那时，你可就真的是悔之莫及了。

女人创业本身就具有一定的优势

一般而言，成功的创业者需具备的特性包括：远大的抱负，坚决果断，愿意冒险，决心十足，不辞辛劳，以及热爱金钱等。一眼望去，你会觉得，这些特质比较偏男性化，所以女性创业家的数量的确是低于男性的。

但是，这不代表女性就不适合创业。女性创业其实也有着自己的优势。

首先，女人都是沟通高手，女人往往更善于倾听，更善于挖掘每个人的期待，体恤每个人的困难，聆听大多数人的意见，最后再自己做决定。

其次，女人又是组织协调的高手，她们往往能够有条理地系统化地统筹工作安排，分配任务，制定优先级。创业当然不是一个人的孤军奋战，能把团队力量发挥到极致，才能真的取得最后的胜利。

有一位女老总待下属员工如同自己亲人，她在公司的口头禅是："Please talk to me！"并且实施"老总大门为你开"政策，任何员工随时随地都可以去敲她办公室的门要求见面，所以她的员工各个都把公司当家，别人高薪也挖不走。

再次，女人也善于鼓励他人，当团队出现困难时，女人往往能以特有的细腻为核心骨干打气，让他们把能力转化成对业务的巨大贡献；普通团队成员也需要通过鼓励，帮助其成长为核心骨干，提升技能和眼界。

最后，女人相较男人而言，确实欠缺冒险精神，但如果真的遇到巨大困难，女人又能激发出较强的韧劲和耐力。研究证明，在巨大的困难和压力面前，女性的心理弹性水平远远超过男性，女人在选择是否创业时，也许会花较多的时间考虑，然而一旦做出决定，她们就会将创业进行到底。

并且，女人可以利用偶尔示弱的手段寻求帮助，获取资源。有些女性在创业时可能会有疑惑，去跟人谈判的时候，会不会受限于女人的身份会有所施展不开？其实并非如此，女人反倒是偶尔可以利用示弱的方式，让对方主动萌生要拉你一把的冲动。

创业者必须要懂得"借"字经

老话讲"巧妇难为无米之炊",有的时候我们看准了机会,想做一笔大投资,却没有钱供自己支配,那该怎么办?别着急,我们可以去"借"。记住卡尔·阿尔布雷克特的忠告:"如果你想很轻松地使自己获得成功,获得财富,而又不用什么实际上的投入的话,就要学会巧妙地运用'借'字,这是最高明的一种手段。"

"借"不仅是扩充财富的高招,也是实现目标所必须具备的能力,真正聪明的人可以借人力、借物力、借财力,借一切能借之物来实现自己的成功。毕竟,一个人的能力是有限的。如果只凭一己之力,能够做成的事很少,但如果同时懂得"借"的诀窍,就可以风调雨顺、无往不利了。

晚清著名商人、大投资家胡雪岩在事业的起步阶段,有很多钱其实是"借"来的,他正是凭借着这种巧"借"与巧"补",解决了迫在眉睫的问题,不让问题成为死角。他认为,做生意一定要活络,移东补西不穿帮,就是本事。这是胡雪岩特有的一种"嫁接术"。

胡雪岩将湖州收到的生丝运到上海时,正值小刀会要在上海起事。小刀会占领了上海县城,不仅隔开了租界和上海县城之间的联系,也封锁了苏、松、太地区进出上海的通道,断绝了上海除海路之外与内地的一切联系。上海与外部交通断绝,上海市场生丝的来路也随之中断,仅存上年囤积的陈丝,而此时也传来信息,驻在上海的洋商由于战事在即,生意前途

未卜，更加急于购进生丝以备急需。这在胡雪岩看来，无疑又是一个绝好的机会，因为如此一来，生丝销洋庄的价钱必然看好，完全可以乘此机会赚上一把。这一情况更坚定了胡雪岩要销洋庄的打算。

要做销洋庄的生意，第一步是要控制洋庄市场，垄断价格。要做好这一步，有两个办法：第一个办法是说服上海丝行同业联合起来，让预备销洋庄的丝客人公议价格，彼此合作，共同对付洋人，迫使洋人就范。第二则是拿出一笔资金，在上海就地收丝，囤积起来，使洋人要买丝就必须找我，以达到垄断市场的目的。不过，就胡雪岩当时在上海生丝市场的地位来说，由于他的生意只是刚刚起步，在同行中的威信还有待建立，因此第一个办法不一定能够取得理想的效果。而从生意运作的角度看，即使第一个办法能够凭着胡雪岩的影响力得以实现，他也应该采取通过在上海就地买丝的办法，尽可能多地为自己囤积一部分生丝。这既是控制市场、垄断价格的基础，也是使自己在实现了控制市场的设想、迫使洋人就范之后能够获得更大利润的条件。同时，生丝囤积量的增加也可以提高他在上海丝商中的地位，为联络上海同业的运作增加影响力。

不过，在上海就地买丝需要大量本钱。胡雪岩此时只有价值10万两的生丝存在上海裕记丝栈，而他的伙伴尤五为做漕帮粮食生意，向一个巨富借贷了10万两银子，这笔贷款在续转过一次之后又已到期，按常规已经不能再行续转，为还上这笔贷款，尤五最多只能筹集到7万两银子。如此算来，胡雪岩要在上海就地买丝可以说是没有一分钱的本钱。

胡雪岩用手头裕记丝栈开出的那张10万两银子的生丝的栈单"变"了一次戏法。首先将这一张栈单拿给这个巨富看，说是这位巨富的贷款已经可以归还，不过要等这批生丝脱手之后才能料理清楚，让他们将那笔10万两银子的贷款再转一期。有栈单为证，货又明明摆在货栈里，他们必然相信而且放心，这样也就生出了10万头寸可供调用，先解决了松江漕帮借款到期的问题。然后，可以将这张栈单再使用一次，用它来与洋行交涉，议定以裕记丝行的生丝做抵押，向洋行借款，这样也就把栈单变成了现银。洋行有栈单留存，不会不给贷款，而栈单也不会流入钱庄，这位巨富也不会知道栈单已经抵押出去了，戏法也就不会被揭穿。这样，10万两银子也就做成了百万的生意。

这是一次典型的"八个坛子七个盖"。一张栈单，托了中外两家，一"转"一"亮"，就盖住了两个"坛子"，手法极其精道熟练。

在经济环境日益复杂、市场竞争日益激烈的今天，很多原本想要有一番作为的女人望而怯却了。她们虽然志向颇高，却荷包单薄，没有大资本去运作。于是，只能站在岸边望洋兴叹：时不待我，一文钱难倒女英雄等。其实，不是时不待她们，而是她们的本事根本还没到家。她们怎么就没有想到去"借鸡生蛋"呢？别以为向人借东西很难，只要你借得巧妙，还是有很多人愿意慷慨解囊呢。举个例子说一下：

比如，你在年初借人家一只母鸡，到了年底这只鸡共计下了120个蛋，那么你在还鸡给人家的时候，拿出50个蛋给人家作利息，刨除喂养这只鸡的20个蛋支出，那么你还能赚50个蛋，借你鸡的人也会很高兴，如果有下次，他还愿意把鸡借给你。但是如果你不去借鸡，你会有这50个蛋吗？

或许有人要问，人家一年能下100个蛋的鸡，为什么借给你去下蛋，自己只收50个蛋的利润呢？问得好，谁也不是傻子，怎么会白白给别人好处呢？理由就是，鸡的主人根本就不怎么会喂鸡，如果他自己来喂，最多就能下30个蛋。现在借给别人，不但不需要自己喂养，还多得了20个蛋，这样的好事，又何乐而不为呢？

其实，当今商界很多叱咤风云的人物在创业之初也没有多么雄厚的资本，而他们照样可以赢得大回报，其巧妙之处就在这个"借"字。其运用之妙，存乎于心，全靠个人的发挥和运用。不过大体上说，还是有些技巧可供大家借鉴的：

一、恪守信用

这个道理想必无须多说，谁也不会把钱借给一个没有信用的人。信誉是永不破产的银行，你建立起了信誉，才容易借到钱。

二、一定要付利息

人与人之间最和谐的关系要靠"双赢"来维持，再好的关系，如果人家觉得借钱给你不划算，下次就很难借到钱了。所以，不管你向谁借钱，哪怕是你的兄弟姐妹、姑母丈母娘，也一定要给人家利息，这样人家才愿意借给你。当然，如果是万元以内的小额借款，可以不用付利息，但一定要好好表达自己的谢意。

三、心态要好

有些人磨不开面向人借钱，觉得这是很丢脸的事情。这种人需要认识到两点：

1. 你借钱不是因为家里穷得揭不开锅，而是要用钱赚钱，这不丢脸，反而是一种智慧。

2. 你借钱又不是白借，是要付利息的，而且利息一定比银行高。既然你恪守信用，能够按时还本付息，帮自己致富的同时还能给别人带来好处，这两全其美的事情又有什么不好意思的呢？

四、说明借钱的用途及预期盈利能力

如果你向别人借钱时，不说明资金的用途及投资的盈利前景，是没人敢把钱借给你的。因为他们只愿意支持你去做值得做的事情。打个比方，如果你借钱用于赌博，那么谁愿意拿钱去填赌徒的窟窿呢？

五、化整为零

如果你要借的额度对一般人来说都不是小数，那么寻常人是不会借给你的，即使那个人是个财主，他也会犹豫再三。那么，这时你就要学会化整为零，多找一些可能借给你钱的人去借，能借到一万的就一万，能借到一千也别嫌少，凑在一起可能就有 10 万了，如果你一开口就向人家借 10 万，那么可能连一万也借不到了。

六、要向不怎么会喂鸡的人借

"借鸡生蛋"一定要看准对象，最好是向那些只知道存钱的人去借，这样你才能得到最多的"蛋"。如果是向那些投资高手、企业家、金融家去借，就不是好的选择了，因为这些人借的"鸡"比你要养的那只"鸡"下的"蛋"还多，他们的"鸡"再转手借给你，你就很难再增加更多的新财富了。

创业别怕做小生意，小路也能通大道

很多人总看不起一些小生意，好像要赚大钱就得搞房地产、卖汽车。这种想法其实大错特错了，看不起小生意的人最后只会落得个"大钱赚不着，小钱不会赚"的下场。

成功源于发现细节，一桩小生意里很可能暗藏着大乾坤，一个不起眼的小机会说不定就能让你创造奇迹。

杜女士选择在欧洲的丹麦自谋财路，她想到利用自己独具特色的手艺可以广纳财源，于是就开了一家中国春卷店。开始时生意并不好。杜女士一番调查后明白了，纯粹的中国式春卷并不合欧洲人的胃口。她重新进行精心选择和配制，不再运用中国人常用的韭菜肉丝馅心，而是采用符合丹麦人口味的馅心。这一独具匠心的改变，外加杜女士的不懈努力，原来惨

淡经营的小店顾客络绎不绝，慕名而来者云集。积累了资金后，杜女士不失时机地扩大了自己的生意。杜女士就是凭着自己非同寻常的观察视角，利用有利的时机把事业推向高峰的。

她放弃了以前的手工操作，开始采用自动化滚动机新技术来生产中国春卷，并投资兴建了食品厂，还建了与此相配套的冷藏库和豆芽厂。生意越做越大，杜女士的春卷开始向丹麦以外的国家出口。她坚持"中国春卷西方口味"这一秘诀，针对欧洲各国人的不同口味，采用豆芽、牛肉丝、火腿丝、鸡蛋或笋丝、木耳、鸡丝、胡萝卜丝、白菜、咖喱粉、鲜鱼等不同原料来制作，生产出来的春卷营养卫生、香脆可口、风格各异，因而深受欧洲各国人的喜欢。

许多经商者渴望自己能做大宗买卖，赚大钱，但那毕竟是"大款"的专利，底子薄的人可望而不可即。其实，小生意也可以带来高利润，小东西一样可以赚大钱。杜女士就是这样慧眼独具，靠小春卷起家成了大富翁的。

成功会偏爱那些留心小事物的有心人。小细节、小机会中也藏着致富的机遇，很多时候留心小事物就能抓住打开成功之门的钥匙，因此小生意不但不能轻视，反而要更加重视。

把小钱用好，同样能够成为大富豪

我们要记住，钱是可以生钱的，因此不可以轻视小钱，因为经过良好的运作，小钱同样可以做成大生意。

　　小男孩拉里·艾德勒 14 岁时，成就就相当突出了。如今，他经营着三种生意，年收入已超过十万美元。

　　拉里·艾德勒是在 9 岁那年开始小本创业的。那年，凭着父亲借给他的 19 美元，他开设了一间剪草公司。他独自一个人，靠一部二手剪草机找活干。一年之后，他用赚来的钱投资，又买了一台新机器，第三年，又买了五台机器，生意就像滚雪球一样越滚越大了。

　　拉里·艾德勒经营的剪草公司，还将专利出售给美国、加拿大等国对此项目有兴趣的人。同时，拉里还到处去讲学，教人如何经营剪草公司。拉里的公司除了为客户剪草之外，还兼做扫落叶和铲雪服务。

　　拉里的第二种生意，是开设了一间儿童用品专卖公司。有一次，拉里进了一万个胶篮，然后把一些糖果装进篮中交给零售店，结果一下子都卖光了。拉里善于组织各种货物，将它们组合后出售，使客源不断。

　　拉里的第三家公司，是教青少年如何做为企业家提供服务的咨询公司。拉里在公司里教授与自己年龄相仿的人如何经商赚钱，还借给他们本钱，鼓励他们积极创业。

　　拉里说：“做生意不在乎年龄大小，也不在乎本钱多少，关键要有创意，要用发财的眼光去看待每一件事，找出它们能够生财的支点来，然后你就知道该怎样做了。”

　　拉里的目标是，在 18 岁时赚足 4 亿美元。

　　听到拉里·艾德勒故事的人免不了会对“小不点”肃然起敬。不仅是佩服他小小年纪就有雄心大志，更是佩服他独具匠心的创业方式，用小钱做成了大生意。

　　想赚钱就要不惧钱少，不厌利小，尤其是我们家底薄弱时，更应该对小商品、小利润给予更大的关注，勿以其小而不为，只要你全力去做，小投入也会成大气候。不过，这也需要你有头脑、有创意才行。

创业不要随大流做"热门生意"

人们害怕冒风险，所以更愿意听从大多数人的意见。这可能是大部分人明哲保身的诀窍，中国还有句老话"枪打出头鸟"，更从反面印证了不随大流的坏处。经济学里经常用"羊群效应"来描述个体的这种从众跟风心理。羊群是一种很散乱的组织，平时在一起也是盲目地左冲右撞，一旦有一只头羊动起来，其他的羊也会不假思索地一哄而上。中国的投资市场一直都存在着这种"羊群效应"——一个新兴事物，没有人投资的时候大家都不投资，因为心里不踏实，一旦有人出手了并赚了大钱，就一窝蜂地去跟随。

从投资角度来讲，这种从众心理非常不可取。因为跟风的结果，只能是永远慢一拍，往往是高投入却收益甚少，因为大家都在做，市场已经接近饱和。更何况，还有些不良炒家利用各种手段设局炒作，有些盲从者往往会受到误导陷入骗局。

"股神"巴菲特对于这种现象给出了警告："在其他人都投了资的地方去投资，你是不会发财的！"这句话被称之为"巴菲特定律"，是"股神"多年投资生涯后的经验结晶。从 20 世纪 60 年代以廉价收购了濒临破产的伯克希尔公司开始，巴菲特创造了一个又一个的投资神话。有人计算过，如果在 1956 年，你的父母给你 1 万美元，并要求你和巴菲特共同投资，你的资金会获得两万七千多倍的惊人回报，而同期的道琼斯工业股票平均价格指数仅仅上升了大约 11 倍。在美国，伯克希尔公司的净资产排名第五，位居时代华纳、花旗集团、美孚石油公司和维亚康姆公司之后。

能取得如此辉煌的成就，正是得益于他所总结出的那条"巴菲特定律"。很多投资人士的成功，其实都是因为通晓这个道理。

美国淘金热时期，淘金者的生活条件异常艰苦，其中最痛苦的莫过于饮水匮乏。众人一边寻找金矿，一边发着牢骚。一人说："谁能够让我喝上一壶凉水，我情愿给他一块金币"；另一人马上接道："谁能够让我痛痛快快喝一回，傻子才不给他两块金币呢。"更有人甚至提出："我愿意出三块金币!!"

在一片牢骚声中，一位年轻人发现了机遇：如果将水卖给这些人喝，能比挖金矿赚到更多的钱。于是，年轻人毅然结束了淘金生涯，他用挖金矿的铁锹去挖水渠，然后将水运到山谷，卖给那些口渴难耐的淘金者。一同淘金的伙伴纷纷对其加以嘲笑："放着挖金子、发大财的事情不做，却去捡这种蝇头小利。"后来，大多数淘金者均"满怀希望而去，充满失望而归"，甚至流落异乡、挨饿受冻，有家不得归。但那位年轻人的境况则大不相同，他在很短的时间内，凭借这种"蝇头小利"发了大财。

记住，每一个商机出现时，能把握住商机赚到大钱的只是少部分人。不赚钱的永远是大部分人，你跟着这大部分亏钱的投资人，焉有挣钱之理？所以，投资一定要眼光独到，要有自己的方向和规划，要做最早发现商机并赚到大钱的那一少部分人。

自我测试，看看你是否具备做老板的潜质

当老板可不是一件容易的事，你是否适合创业？有多少创业的潜力？下列测验可帮助你决定是否应当投入自己做老板的行列。

1. 曾经为了某个理想而设下两年以上的长期计划，并且按计划进行直到完成；

2. 在学校和家庭生活中，能在没有父母及师长的督促下自动地完成分派的工作；

3. 喜欢独自完成自己的工作，并且做得很好；

4. 与朋友们在一起时，朋友经常寻求你的指导和建议；

5. 求学时期有赚钱的经验，喜欢储蓄；

6. 能够专注地投入个人兴趣连续 10 小时以上；

7. 习惯保存重要资料，并且井井有条地整理，以备需要时随时提取查阅；

8. 在平时生活中，热衷于社会服务工作，关心别人的需要；

9. 喜欢音乐、艺术、体育以及各种活动课程；

10. 在求学期间，曾经带动同学完成一项大型活动；

11. 喜欢在竞争中看到自己表现良好；

12. 当你为别人工作时，发现其管理方式不当，会想出适当的管理方式并建议改进；

13. 当你需要别人帮助时，能充满自信地要求，并且能说服别人来帮助你；

14. 在募款或义卖时，充满自信而不害羞；

15. 要完成一项重要的工作时，总是给自己足够的时间仔细完成；

16. 参加重要聚会时，准时赴约；

17. 有能力安排一个恰当的环境，使你在工作时能专心有效；

18. 你交往的朋友中，有许多有成就、有智慧、有眼光、有远见、老成稳重型的人物；

19. 在工作或学习团体中，被认为是受欢迎的人物；

20. 自认是个理财能手；

21. 可以为了赚钱而牺牲个人娱乐；

22. 总是独自挑起责任的担子，彻底了解工作目标并认真地执行工作；

23. 工作时有足够的耐心与耐力；

24. 能在很短的时间内结交许多新朋友。

以上答案答【是】得1分，答【否】则不计分，请统计你所得的分数，并参照下列答案。

0～5分：你目前并不适合自行创业，应当训练自己为别人工作的技术与专业；

6～10分：你需要在旁人的指导下去创业，才有创业成功的机会；

11～15分：你非常适合自己创业，但是在所有【否】的答案中，你必须分析出自己的问题并加以纠正；

16～20分：你个性中的特质足以使你从小事业慢慢开始，并从妥善处理中获得经验，成为成功的创业者。

21～25分：你有无限的潜能，只要懂得掌握时机和运气，你将是未来商业巨子。

6. 理性消费，女人就应该抠一点儿

奢侈品就一定会让女人更美吗

女人对生活元素争论最多的莫过于"奢侈"，尤其是白领。传统女人认为，奢侈是浪费，是过分享受；新生代女人却认为，奢侈是时尚，奢侈创造财富。

很多新生代的白领女性，年轻、时尚、自信，唯美、成功，她们挣得不少，花得更多，不断追求奢侈的生活，享受着常人看起来近乎浪费的生活方式。这类女性几乎都对以下两个方面有着特殊钟爱：

1. 名牌服装

有位叫王玲的朋友平时工作很紧张，又没有特别的嗜好，更没有家庭负担，平常就喜欢逛逛街买些衣服、饰物，特别是碰到不开心的时候，她就会用疯狂购物来舒缓压力，买了也不后悔，从来没有什么"值不值"的感觉。作为白领女性，她认为她有足够的实力去享受生活给予她的一切。

名牌是商业社会中某种力量的体现。她觉得商品具有什么功能已经不再那么重要了，更重要的是如何体验商品的个性，使用不同品牌的商品可以展现不同的自我。所以她的衣柜里挂满了名牌衣服，服饰消费几乎占了她收入的 2/3。她的服饰主要有四大类：上班以套装为主，节假日和双休日在家穿休闲服，参加朋友聚会或公司宴会一般是正规的礼服，夜晚逛街或泡吧时就穿靓装。在不同的场合和不同的时间里，她会用这些名牌服饰去展示不同的自我形象，让自己从被动扮演不同的角色变为主动地适应并喜欢紧张多彩的生活。

她喜欢色彩明亮、具有现代风格的名牌服装，但作为一个成熟女性，她会有意把自己的穿着在式样、图案上跟小女生区别开来。不过，即使是名牌服饰，她也会喜新厌旧。许多质地很好的名牌衣服，穿过几次后，就放到了一边，或者送给适合的朋友。好东西，用这样的方式分享，心情也不错。

2. 女子会所

朋友马兰是女子会所的成员。女子会所是一个综合空间，包含了美容健身、社交娱乐、保健咨询、财经顾问、法律援助、艺术指导等，这里的餐厅、酒吧、会议厅、娱乐设施等标准看起来和五星级酒店相同，不同的却是这里更温馨更亲和，在满足女性全方位生活需求的同时，又恰到好处地维护了个人的私密性，代表着一种积极的现代生活理念。

马兰介绍，女子会所入会费一般在 2 万元至 10 万元之间，每月还需支付 1000 元左右的月度管理费，这样一个高门槛的神秘世界应该是有些奢侈吧？但相对那些辛苦供车供房的"负翁"，她宁愿享受这种令人刮目相看的感觉，因为会员卡有时候不仅是一张卡，还暗示了持卡者的身份和品位，而且还有很多机会去接触高层次的人物。一旦没有这些卡，就会觉得自己很落伍，跟不上潮流。

对于那些认为有钱就要花的人来说，上述的奢侈实在算不上什么。时尚总是年轻的，喜欢什么就消费什么，反正钱都是自己挣的，随便怎么花，别人干涉不了；有钱就要花，辛辛苦苦地工作挣钱，一旦手中有了钱，还花得拘拘束束，如此人生有何意义？

另外，还有些人认为：时代在进步，赞同"把生活点缀成艺术"的人越来越多，这种奢侈已经被大众所接受，很多都市人已经"自觉"加入了"奢侈生活"的行列，成为昂贵生活用品的消费主力。即使是比较传统的"老人"，虽然心里早已经拿定主意绝对不买，但他们肯定还会经常到处看看，要不然就会落伍，就会成为与社会脱节的人。

　　商家更是说，奢侈消费不一定都是虚荣心消费，但虚荣心消费几乎都是奢侈的。奢侈的定义应该是相对的，既取决于社会的平均收入水平，也取决于每个人的心理感受，而且是因时因人因地而异的。社会发展到今天，消费早已不再只是满足生存的需要，炫耀财富也不再是奢侈的象征，取而代之的多是那种平时难以获得的生活体验。

　　快乐花钱，可以让自己的生活更充实、更有质量、更容易得到满足。十几年前，手机、家用电脑、空调等被老百姓看作是奢侈品，一眨眼工夫连楼道里打扫卫生的阿姨都用上了；穷人认为买房、驾私车是奢侈，富人认为住花园豪宅、开私人飞机也不算奢侈；在发达国家，普通百姓的住房里也有独立的卫浴设备，而对落后国家的低收入者来说，那无疑是一种奢望。

　　现代社会，如果有足够的能力去奢侈，也未必是一件坏事，起码说明你在为社会做一定的贡献，总比葛朗台式的吝啬鬼要好得多。反过来说，一个社会如果没有人去奢侈的话，经济会如此快速地发展起来吗？单从这种意义上来讲，"奢侈"似乎不是一件坏事。

　　然而，更多的时候，奢侈看起来像把双刃剑。

　　现代的人为了追求更高层次的生活方式，辛辛苦苦地工作，买房子、买车子，供孩子上好一点儿的学校，辛辛苦苦找一份收入高一些的工作，早出晚归，甚至放弃了与家人团聚的时间，放弃了读书的乐趣，放弃了在音乐中发呆，就是为了挣更多的钱，明天过更好的日子。

　　现代社会的确有一种用物质的获得来判断成功的趋向，但真正的上流社会并不完全追求奢侈，很多找不到精神归宿的人才会用奢侈来填补空虚。很多人奢侈，是过去穷怕了，才想极力表现自己已经不是过去那个穷人了，将童年极度压抑的消费渴望变本加厉地展示出来。有钱奢侈无可厚非，没钱呢，还奢侈什么？有些人就是要硬撑着，买不起房子，贷款！装修要钱，贷款！买车，贷款！贷款让很多人做了"大负翁"。不是贷款不好，但毕竟要考虑自己的实力，为了一个硬撑的面子而尽力奢侈，以后的日子怎么过？

奢侈女人关心时尚的趋向，关心富人的趣味，模仿上流社会的生活格调，她们花大量的时间提高自己的品牌知识，无非就是想在别人面前表现自己的富有、时尚和成功。她们从踏入社会的第一天起，就朝着奢侈的目标奋斗。可是有些人实现了目标，有些人没有实现。

你能奢侈吗？你在奢侈吗？你会奢侈吗？女人，最好放弃奢侈，因为平实的生活才最美。奢侈生活其实也是一把双刃剑，享受奢侈的同时，奢侈也在侵蚀着自己的躯体和心灵。

抵制广告诱惑，别让自己成为购物狂

女人闲时喜欢约上几个要好的朋友去超市或时装店，看见美丽的衣服便渴望拥为己有，遇到促销打折的活动迫不及待地抢购，或者在情绪低落的时候，一些女人也会选择去购物，买一大堆有用或无用的东西，直到精疲力竭。事后才发现，买回来的很多东西，根本用不上穿不着，还白白浪费了大量的时间与金钱。

如果你一个月消遣时间的 1/2 是在商场徜徉，如果你多次为自己买的东西而后悔，如果你认为购物是慰劳自己的最好方法，如果你经常在不需要某种商品时也非要购买它，如果你买不到想要的某种商品就难以忍受，如果你有多次薪水入不敷出的情况，如果你经常发现自己购买的东西被你置之不理……

如果真是这样的话，你基本上已经成了购物狂。你将很不幸地为此付出大量的金钱以及自己的沮丧情绪，你将很不幸地成为购物的奴隶。

女人天生爱购物，是主要的消费对象。有些女人虽然经常购物，却经常发现买回来的好多是无用的或者是可买可不买的东西。

她们一个星期至少要跑超级市场两到三次，有的人还要更多。持续不停地花掉更多的时间、金钱和精力去买那些远超过她所需要的东西，而她最后也丢弃了很多的东西，原因是她常在行动之中，买下很多她不需要的东西。

另外，因为没把金钱安排好，所以她们的经济很拮据，虽然收入颇丰，却往往没有多少积蓄。

其实，发现自己有这种盲目购物的倾向时，不用着急，你可以做的是：

在商店里闲逛时，不要无目的地购买，要在走出家门的时候，压抑购买欲，把所需的东西列好之后，到商店迅速找到目标购买。

如果说，广告是女人的购物导向，这一点怎么说都不过分，因为女士从买化妆品到日常用品都爱跟着广告走。如果说起大众化心理的话，女人不知要比男人胜几倍，要改变这个习惯也很容易，先要改变你的购物习惯。

对许多人来说，购物根本是个没什么大不了的习惯。不过，要改变一个习惯，最好的方法还是要用另一个行为来代替才行。打个比方，去散步、找朋友聚会、去图书馆或冲个冷水澡，任何可以阻止你冲动购物的事情，都可以是有效的方法。或许，刚开始时你会有一种被剥夺了逛街乐趣的感觉，最后，当你不再被自己强迫着要去逛街、购物，你一定会有一种无法形容的解脱感。

运用同伴来帮助你。如果有些东西是你真正觉得必须要买的，找一个了解你购物习惯的朋友和你一起去，最好这个朋友可以体谅你的购买欲，而且可以帮助你改变购买习惯。当你们逛街时，让你的朋友随时警戒你的购买行为，因此，你只能买你真正需要的东西。不过，要确定的一点是：你要挑对朋友。互相注意彼此的购买行为，避免买到一些不需要的东西。

练习用一种挑剔、偏激的眼光来看待任何广告。这是对购物狂的最好训练，一旦这种训练在生活中渐渐淡去时，你必须重新开始，让自己跟广告保持敌意。否则，你又中了广告商的计了。

除却购物，你可以做的事情还有很多。你可以重拾那被遗忘在角落里的书，一篇散文，或一部经典的小说，再次领略白纸黑字的魅力。你可以约几个朋友，喝一杯随意的下午茶，聊聊工作，想想往事，为往事干杯，为明天祝福。

在心情不好的时候，你可以买一张车票，到附近的农庄去散散心，远一点的，你可以去爬爬山，既锻炼身体，又可以发泄郁闷，还可以扩大自己的视野，何乐而不为？将购物时间削减一半，你真的还有许多更好的事情可以做，既不会浪费，还可以提高性情，这才是女人该有的生活。

聪明的女人，都会记得给自己存些私房钱

女人的私房钱是归属于自己自由支配的部分。对于绝大多数女性来说，这部分私房钱未必是老公不知道的，但是却是自己有绝对控制权的，并且这部分私房钱到了关键时刻还能够起到非常大的作用。

在古代，出嫁的女子为了防止被丈夫或婆家抛弃，总是会偷偷藏一些首饰和衣物，以免发生不幸之后生活没有着落。流传到今天，就出现了私房钱的说法。

私房钱除了应急之外，更有挽救危机的功效。存私房钱在刚开始的时候是因为女人对于爱情和婚姻的不信任，而金钱恰恰就是一个人获得独立和安全感的前提。时至今日，存私房钱已经从古代不可告人的小行径逐渐发展成为可以放在台面上调侃、谈论的新话题了，那么，女人的私房钱到底有什么用处呢？

一、用于支付娘家亲情

俗话说："女孩离了娘，就变成了女人。"这"女人"二字真不好弄，特别是娘家这一块，更是万万少不得的。当娘家有事需要用钱的时候，女人又没有办法开口要求婆家帮忙的时候，女人的私房钱就可以派上用场。

二、用于家庭应急

学会做一个有心的女人，在掌握钱的时候多一个心眼，一天存几元或几十元，根据家庭的具体情况不同而定。日积月累，时间一长自然就是一笔可观的财富。如果有朝一日家里真出现了什么意外，到那时拿出来，真的可以解决燃眉之急。

三、应对花心男人

"男人有钱就变坏。"虽然这句话有失偏颇，但是也有一定的道理。男人有钱，如果不知道上进，花心出轨这种情况是完全有可能发生的。此时，如果女人再没有一点儿私房钱，那肯定是要吃亏的。现如今人际关系非常复杂，婚姻关系有时非常脆弱，爱人转化成路人，甚至是敌人的故事，我们也听过很多。在这样一种大的环境下，存一些私房钱似乎还是挺有必要的，这也是很多存私房钱防止婚姻破裂的女人的观点。她们认为，婚姻破裂，情感上的损失当然是惨重且无法估量的。那么，在这样一种无法挽救的悲惨上，尽可能地在经济上让自己不至于损失太大，也是聊胜于无吧。

四、用于友人之间的应酬

男人需要交友，女人也需要，也有自己的生活圈。要交往，花钱自然是在所难免的。如果女人浑身上下攒的都是家里的钱，那怎么会舍得花？如果那个钱是自己的私房钱，那花起来感觉就不太一样了，甚至很多时候会很大方。赢得面子，获得大家的欢心，让自己的男人脸上也光彩。

五、私房钱为婚姻保驾护航

个人认为，为自己在经济上留后路的女人，都是对婚姻很珍惜的女人。我们千万不要把这种女人想象成随时都要抱着钱罐子弃船而逃的人，恰恰相反，她们了解婚姻，也了解人性，她们更明白人际关系，包括婚姻关系也会出现很多可能性，于是她们才更懂得分寸、更晓得轻重。

私房钱对女性来说是一个良性的循环：有了私房钱，女人的心里就会踏实和充实，安全感也相对增加，会在享受中得到快乐，有助于促进夫妻间的感情。

因此，私房钱这种事情不在于存不存，而在于怎么存，存的根本目的是什么。当然，这里面有一个最关键的技巧就是，女人要让私房钱为婚姻起到保驾护航的作用，而不是相反的作用。

再抠门也要懂得给丈夫留点儿钱

管钱这是每一个结了婚的女人都非常热衷的，这本无可厚非，但是一定要管得巧、管得妙，而其中很重要的一点就是要给自己的老公一定的财政自由。

在婚姻当中，男女无论是在权利上还是在义务上都是平等的，而且彼此还都享有一定的权利，更需要承担一定的义务。男人需要赚钱，但是女人也不能够置身事外。在家庭当中，女人掌管着财政大权，但是也要给男人花钱的权利。

我们经常会听到这句话："男人有钱就变坏。"而且在生活当中也确实有很多这样的事情。这更在一定程度上让女人产生了警惕的心理，从而加紧对家庭财产的控制。可是，女性朋友们，难道我们管住了男人的口袋，就真正能管住他们的心吗？假如我们管不住男人的心，即使管住了男人的口袋，那么也是没有用的。

我们要清楚，管住男人的钱是为了什么。很明显是为了家庭的幸福。如果是同床异梦，那么还有什么幸福可言呢！

正所谓："物极必反。"生活当中，有一些男人在老婆的"高压"之下，想出了很多应对的妙招，造成夫妻之间出现了越来越多的秘密，时间一久，必然就会产生一些误会和隔阂，甚至出现婚姻的破裂。相信这是任何一个女性都不愿意看到的。

金刚是一所大学的教授，在结婚之后，他就把家里的财政大权交给了自己的老婆，包括工资、津贴、奖金、课时费、指导费、书报费、过节钱、年终奖、评审费、答辩费等。他老婆看着存折上的数据，心中非常的高兴，到处夸金刚是世界上最顾家的好男人。

即使这样，他老婆对于金刚的开支也管得很严。有一次，他老婆给了金刚 500 元钱，在周末洗衣服的时候，他老婆搜查口袋，问："怎么就剩下这点儿钱了？"金刚听了就非常烦，随口说道："谁还记得啊？"于是他老婆就开始旁敲侧击："是不是掉了？或者是被小偷偷了呢？"

后来，金刚向一位朋友诉苦，朋友告诉他，为什么不存点儿私房钱呢？于是金刚也开始存私房钱，买东西可以多报绝对不少报，有了一些其他的收入也不告诉老婆。正所谓"纸包不住火"，到了后来，老婆发现金刚的花销越来越大，而自己却没有给他钱，他的钱到底从哪里来的呢？就这样，两人产生了矛盾。

女人相对于男人而言，花钱是比较仔细的，很少大手大脚花钱，能够控制好家庭的正常开支。而男人往往花钱大手大脚，而且很少会用长远的眼光看待花钱的事情。可是，男人经常需要交际，需要应酬，要想在社会上很有面子地生活，那么是离不开金钱的。如果老婆管得太严了，那么就会让老公花钱缩手缩脚，时间一长，男人自然就会存起私房钱，这样夫妻之间的感情就很容易产生隔阂。

婚姻之道并不复杂，就是建立信任和尊重。女人管钱就好像是放风筝，不要总是拽得很紧，该紧的时候紧，该松的时候松，这样风筝才能够飞得更高，而且还不会脱离你的手。

王亚楠在结婚之前就和老公商量好了，婚后她负责管理家里的财产。结婚之后，老公遵守诺言，自己的工资卡一直交给王亚楠保管。

但是王亚楠也知道老公身上需要装点儿钱，不然出门应酬会非常没面子。所以，为了表示她的大度，她每个月都会给她老公一定的钱，让他出门应酬撑得起脸面。

有一天，她老公找王亚楠要 500 元钱给父亲过生日，王亚楠知道老公是一个孝顺的儿子，于是给了老公 800 元钱，还嘱咐她多买一些好的东西给父亲，这让老公很感动。从这之后，她老公每个月都自愿上交自己的所有收入，夫妻之间的关系也是和和睦睦的。

其实，作为妻子，只要老公的要求不过分，就应该答应老公的要求。只有当老公认为妻子的管理是合理的，这样才会愿意把钱如数交给妻子管理。妻子千万不要到老公向你要钱的时候才想起给他钱，而应该主动替老公着想，这样老公怎么会不心悦诚服呢！

为了更好地管理好钱，妻子还应该多与老公进行沟通，千万不要自作主张。只有多交流才能够知道对方的想法，这样管理起来才能够游刃有余。你要明白，家庭是夫妻二人共同建立的，一定要相互尊重和信任。所以，做妻子的一定要照顾老公的处境和面子。

女人一定要聪明一些。只要掌握好家中的财政大权即可，如果发现老公存了一些私房钱，也没有必要太过较真，适当地睁一只眼、闭一只眼即可。一定要让老公多一些自己的空间，如果你时时刻刻防着他，对他不信任，你又怎么能够期望他对你信任呢！

孩子的日常用品，并不是越贵越好

民间有一句俗话："会打扮的打扮个金娃娃，不会打扮的打扮个屎娃娃。"

齐方圆从知道自己怀孕的那一天开始，她和老公就开始控制不住购物欲望了，每次逛街的时候总是自然而然地买上了宝宝以后的必需品，比如小奶瓶、小衣服、小袜子、被褥等，特别是在宝宝6个月的时候做B超，当时的护士是老公的一个同学，于是悄悄告诉齐方圆怀的是一个千金之后，齐方圆和老公更是开心得不得了。于是，一向理智的齐方圆也开始变得不理智了，看到漂亮的小衣服、小裙子就想买，在准备分娩的时候，将这些花在宝宝身上的开支大概算了一下，居然达三千多元。真是不算不知道，一算吓一跳！宝宝还没有出生就如此花钱如流水，那么等宝宝出生之后，岂不更加夸张。于是，齐方圆下定决心控制，赶紧控制！

好在齐方圆很快就理智消费了，现如今，齐方圆家的女儿已经3岁多了，在日常用品的消费上真的是没有花多少钱，那么，齐方圆的省钱妙招到底是什么呢？

一、生孩子之前不要买太多东西

因为在你生完孩子之后，一定会有很多人送礼物，而且送礼的多是亲朋好友，80后的朋友更喜欢事先询问你需要什么再去购买。因此，不要自己事先买个够，可以留一些份额给亲戚朋友们。

二、网上淘货更省钱

齐方圆很喜欢在网上购物，因为网上总是能够很轻松地比较价格，而且价格相对比实体店便宜，还可以在社区网上淘到一些妈妈转让的没有用完的宝宝纸尿裤、半卖半送的二手衣裤，还有宝宝玩具以及推车等。齐方圆家的推车、学步车、伞柄车、健身架等都是网上淘来的二手货，虽然这些东西是二手的，却并不影响使用，更没有健康隐患，价格要比全新的便宜很多。比如齐方圆曾经在社区网上给女儿淘了一辆婴儿推车，原价四百多的推车卖主刚用没多久，100块卖给了她，而且最后她们还成为了朋友，互相交流了不少育儿经验，收获真的是太多了。

三、宝宝的衣物最好分散消费

相信很多姐妹们都会有这种感觉，商场里面漂亮可爱的儿童用具、衣服实在是太吸引人了，不知不觉买了很多。其实，在为宝宝购买日常用品的时候，建议分散消费，只买目前需要的。好看的衣服是买不完的，买了太多的衣服不仅穿不了，而且放在家里还占地方，一般宝宝出生前只须准备四五套衣服就可以了，其他的可以等到要穿时再去买。因为初为人母的你并不清楚孩子的生长速度，而且孩子出生后，还会有朋友陆续送来礼物，其中有不少可能就是孩子穿的衣服、鞋帽等。

四、二手货物美价廉

我们不要排斥给宝宝使用二手物品，因为宝宝的消费品具有短暂性的特点，虽然疼爱孩子的父母总是想给宝宝最好的、最新的，其实有一些物件并不一定要如此。特别是宝宝的衣物，旧的衣服比新衣服更适合宝宝娇嫩的肌肤。低价购买或者是亲友赠送，不仅可以减少购买的费用，而且也避免资源浪费。当然，有一点是必须要注意的，就是卫生的问题。无论是朋友赠送还是低价购买来的二手物品，在给宝宝用之前一定要做好消毒工作。

齐方圆表姐的孩子比她的女儿早出生一年多，所以，她家宝宝穿的很多衣服正好齐方圆的女儿可以用得上。齐方圆给表姐打电话说了之后，表姐就将衣服洗得干干净净送了过来，而且还说之前没有给是因为觉得衣服是旧的，不好意思拿出手。所以你可以先询问亲朋好友，看看是否有不使用的婴儿用品，因为有些亲戚可能会碍于面子，不好意思将用过的旧衣服送人。

另外，在宝宝出生的时候，肯定会收到不少礼物，而且其中有很多重复的或用不到的，这些新物品都可以直接拿到商店去换自己需要的东西，但是其中也有一些礼物是没有销售凭证的，可以放到育儿论坛上卖掉，或和网友进行置换，当然也可以找一家社区童装店寄卖，以免浪费。

五、DIY，安全又经济

齐方圆非常喜欢自己动手 DIY 制作宝宝衣服、玩具，还有尿布，不仅能够节省不少开支，而且主要是制作过程，可以让初为人母的她非常享受，幸福感倍增。

如果是不会做衣服、尿布的年轻妈妈也可以尝试其他类型的 DIY。比如你对针线活不感兴趣，但是你可以有自己的 DIY 妙招。就拿奶瓶而言，你可以选择一个普通产品，再配一个特别好的奶嘴，效果和高价奶瓶是一样的。

六、不建议购买婴儿枕头和床围

有一些东西看上去是非常有用的，但其实只是概念新颖或者是形式大于用途。比如婴儿枕和床围，其实在孩子很小的时候基本是用不上的，等到孩子稍大一些，又有可能导致孩子窒息。

七、慎重购买玩具

玩具对于孩子而言最没常性。有了孩子的人都知道，孩子最喜欢的玩具是那些大人眼中觉得不是玩具的东西，比如锅碗瓢盆、鞋袜烟盒等。其实对于孩子而言，一个瓶、一张纸都是玩具，瓶子滚滚宝宝就开心得不得了。

八、消耗品尽量多买

我们拿纸尿裤来说，虽然成箱购买纸尿裤的一次性投入会很大，但是选择合适的数量，能够获得一定的优惠价格和赠品还是很划算的，而且，纸尿裤的保质期通常有两到三年之久。当然，如果可能的话，姐妹们尽量给宝宝用尿布，因为质量再好的纸尿裤也没有尿布透气性好，而且还有可能会引起宝宝○型腿。

九、巧用成人物品来代替

有一些实际使用时间并不长或者是频率并不高的物品，比如奶瓶消毒器、婴儿用体温计、婴儿体重秤、婴儿专用湿纸巾等，完全可以使用微波炉、成人体温计、日常体重秤（抱着孩子的重量减去自己的重量）、脱脂棉或纱布等来代替。

孩子的东西未必就要用最新、最好的

妈妈们都清楚，很多衣服都会随着宝宝的成长很快用不上了，那么这些花了很多钱的东西，如果扔掉了，不能够充分利用，实在是太可惜了。而且，在父母的心中，往往都有这样的观点，一定要给宝宝最好的、最新的，正所谓"可怜天下父母心"，其实，有些物品不一定非要如此。

比如，对于一些外用的婴儿物品，像儿童车、婴儿床、大件的玩具等，我们完全可以通过二次交换的方式来获得。一般情况是，我们可以先询问身边的亲朋好友，看看他们有没有不使用的婴儿用品，如果有合适的，那么我们可以低价从他们那里购买，甚至他们也会直接赠送给我们。这样一来，不仅省去了一笔购买费用，也让资源有效利用了。

现如今，一个家庭往往就一个孩子，家长恨不得把最好的东西全部买来给宝宝，让宝宝能够拥有比别的孩子更好的东西。

孩子刚刚生下来，王小姐就收到了很多亲朋好友送过来的小物品，比如旧衣服、小被子，由于都是其他宝宝用过的，所以有的比较旧，有的还比较脏，可是王小姐并没有嫌弃这些东西，她把它们全部放在了一起，挑选出来可以用的。

因为王小姐知道，像他们这样的经济条件，是不允许大手大脚花钱的，任何事情都需要精打细算，而让宝宝穿这些旧衣服省下来的钱，将来可以为宝宝买更多更有用的东西。

而且，很多宝宝在刚刚出生的时候往往会收到好多的礼物，有一些礼物是重复的，或者是根本用不上的，于是，很多父母都会把这些礼物放到育儿论坛等网络平台上卖掉，或者是与好友、网友进行交换，还可以到一些社区的童装店进行寄卖等。其实，只要我们在平时多注意，是能够发现很多渠道来解决这些礼物的。

但是，需要提醒大家的是，我们在购买这类二手用品的时候，一定要注意了解产品的保修期，在收货的时候也需要仔细检查它们的安全性和稳定性，千万不要马虎。不然买回来无法使用，就太亏了。

现在有很多二手物品交易的网站，而且都开设了二手婴儿用品专区，妈妈们有空就可以去看看，相信一定能够有满意的收获。比如一款六百多元的手推车，二手市场也就二三百元，还有一些小衣服、小玩具，更是只有几十元。

宋女士的女儿已经 5 岁了，之前用过的婴儿床（婴儿床还好好的）已经用不上了。宋女士觉得这些东西放在家里太占位置了，可是扔了实在可惜，于是，她就在朋友的建议下把这些东西以半价发布到了二手网上出售，谁知道，这些东西没用一个月就全部卖出去了。

李小姐也是刚当上妈妈不久，她认为现在的婴儿用品是越来越贵，一罐奶粉就几百元，一袋纸尿裤也上百元，而婴儿的小衣服更是少则几十元，多则上百元，更不要说婴儿床、婴儿车了。一旦孩子生下来，花钱简直就是无底洞，每个月要在孩子身上花的钱是无法预计的。因此，李小姐对于婴儿床、婴儿车这类的东西，她选择购买二手的，因为二手的要比新的划算一些，而且还不会影响使用。

使用这些二手物品，不仅能够省钱，而且还可以对孩子起到一定的教育意义。从小很娇气的孩子，长大后是很难有出息的。因此，为了孩子能够健康地成长，我们有必要从小就培养孩子艰苦朴素的观念，告诉孩子不要什么都去要求最好。

现如今，大部分家庭都是工薪阶层，说不上很富，也不算很穷，孩子是父母的心头肉，可是我们不能够要求什么都给孩子最好的，而且也没有这个必要，关键是让孩子身体好、精神好。如果我们给孩子太优越的生活环境，甚至是超出了自己的能力范围，那么就等于是把孩子放进了温室，最后培养出来的孩子是难以经历风雨的。

另外，我们这样做还能够让孩子了解父辈的艰苦生活，知道每一分钱都是汗水换来的，一切都是来之不易的。

下辑　家庭理财面面观

7. 你的结婚账单，你心里有数吗?

为了你的幸福，别再做"月光族"

很多女人认为，在自己恋爱的时候不打扮，那么真的就没有打扮的机会了。人生难得有几个机会可以让自己正大光明地花钱打扮，这个时候却大说节省，到头来钱没省下，自己一直渴望的公主梦也破灭了。

这样的想法猛然一听好像是有一些道理，而且人们也常说，恋爱当中的女人是最美丽的。可是，真正的美丽并不仅仅停留在外表上，俗话说"女为悦己者容"，真正的爱情应该是在金钱与浪漫之间平衡的。

现如今，很多女性对于理财没有什么具体的想法，头脑当中想到的理财计划说出来至少会让那些专业的理财人士笑上一两个小时。那么，在我们的生活中，像这样的女生应该如何平衡爱情与钱包之间的关系呢?

（一）充分利用信用卡

信用卡是现代女性再熟悉不过的消费工具了。一定要看好信用卡的使用说明，这样购物、吃饭、出行的刷卡积分才不会耽误。还要记住结账日、还款日，每月还贷、消费明细一目了然。利用好每一次积分翻倍、取现免手续费、抽奖等名目繁多的活动。当然，超前消费不等于超支消费，你一定要懂得量入为出。

（二）选择一些商业保险

我们每个人都要有忧患意识，现如今，国内的保险市场品牌林立，我们必须多学习、多了解，理性选择。有很多年轻女性朋友工作并不稳定，有的女性甚至会一个月换几次工作，工作几个月后发现自己还是个"月光族"，如果把商业保险作为强制存钱手段，不仅能够有效节流，而且还能够防患于未然。另外，你一定要记得购买大病和健康险种。

（三）强制储蓄，合理投资

如果你仅仅只想把钱存进银行，那么你也应该对银行产品多加选择。比如可以先把活期转定期，之后再关注国债或基金。当然，这方面可以咨询一些比较专业的人士。你也可以把手头上的闲钱投到正规的理财公司，到时候直接打入事先开通的账户即可，只要持之以恒，养成理财习惯，一定能够获得丰厚的收益。

如果你已经有了一定的资金基础，那么可以选择固定资产投资。特别是对于打算在近几年结婚的女生，近些年房价年年攀升，你一定要提早为自己制订一个购房计划，最好是选择 60 平方米左右的小户型，而且总价不要过高，以租抵贷，5 年还完贷款。

在消费方面，你可以奉行"节流也开源"的宗旨。千万不要放弃自己的专职工作，偶尔还可以见缝插针地做一些兼职；股市行情好的时候买几只股票，但是不能够贪多，平时的小生意也绝不放过。利用自己的特长，接点儿小活做，也可以为自己带来不少收入。

婚前购物，还是精打细算一些好

前一段时间，余小妮的小姐妹出嫁，结果一下子勾起了她对结婚前荒唐行为的回忆：当时为了一双婚鞋，余小妮可以和售货员砍价 2 小时，仅仅是为了省那 10 元钱；为了租一套便宜的婚纱，余小妮可以跑遍这里的大街小巷，最后被朋友笑称"活地图"；为了能够获得一套有个性的四件套，余小妮更是不惜花重金定做等。可是现在倒好，她的小姐妹在网上捣鼓捣鼓，结婚用品就自动送上门，而且一个个品相不错，真是让人艳羡不已，余小妮非常后悔，当时自己怎么就没有想到在网上团购呢，省心又省钱！

余小妮的婚期定在 2011 年国庆的最后一天。早在 6 月拍婚纱照的时候，余小妮就听说了十一期间的婚纱行业会异常火爆，可是她还是必须租一天的婚纱来充场面。仔细算了算，婚纱店看起来比较旧的婚纱，租一天也要 200 元以上，款式比较新点儿的几乎都是七八百，甚至上千元，而且还必须交付 1000 元押金，24 小时内必须返还，不然的话就算超时费。好在当时拍婚纱照的时候，影楼提供婚纱，不然这笔费用还真让人咋舌。

昂贵的婚纱租赁费，也就意味着余小妮在忙乱的婚礼庆典上，还必须处处小心以免损坏婚纱而被扣押金，用脚指头也能想象出心情是多么的不畅快。

最后，余小妮另辟蹊径，去网上订购，才花了 650 元就购买了一件完全属于她的婚纱。其款式简洁大方，亲朋好友都以为这是她花天价租来的，余小妮不仅成为婚纱的拥有者，而且价格比租婚纱还便宜，婚礼上不用像供大神一样供着婚纱了。

原本余小妮想在超市里面购买所有的结婚用品，可是她在超市里面晃了一圈，那些商品价格真是高得吓人。后来一位结了婚的同事跟余小妮说，你为什么不去婚庆用品一条街看看，那里的结婚用品不仅齐全，而且价格便宜。

事不宜迟，下班之后，余小妮马上奔赴结婚用品一条街，就在这短短数百米的道路两旁，聚集了不下百家婚庆用品店，价格还真是便宜，普通的一件婚纱卖价才 200 元，相当于婚纱店一天的租金。余小妮一番打听下来，发现团购更便宜，于是她又召集了一些快要结婚的姐妹们"拼团"。最后余小妮仅仅只花了 600 元，就买了 6 件婚礼上穿的套装。其中一个姐妹选了件 6 层纱的婚纱，老板开价 1500 元，最后经过她们购物团的软磨硬泡，最后杀价到 600 元。

网购、团购大多数是通过人海战术砍价，迫使商家降低成本。但是团购时也需要注意，应该在拼团的时候注意留意对方的身份，以防上当受骗，特别是网络上认识的人，最好能在合作前与其签订协议，以免被商家的"托儿"扰乱视线。

除此之外，团购之前应该多进行市场调研，对自己需要购买的商品有一定的了解，充分了解自己即将采购的商品的行情，做到心中有数。为了能够让自己有充足的时间准备，网购、团购婚品最好能够提前半年进行，网购、团购也一定要货比三家，切忌一时冲动、盲目跟风，看准后再下单、交订金。下单之前，一定要了解清楚订金的退还情况，尽量减少日后的麻烦。

为了避免在网购、团购的时候遭遇陷阱，可以采用货到付款的方式结

账，以防商家偷梁换柱，以次充好。如果已经遇到陷阱，那么就应该及时向团长反映、投诉，并通过网上发帖的方式，"交代"自己和厂家的合作过程。厂家有的时候为了留住自己的"衣食父母"，通常会很在意网上的声誉，因此对于这些投诉都会积极处理，以避免自己的品牌受到影响。

现如今，一些专业的购物网站，由于有支付宝等第三方支付方式，因此在网络购物过程中具有一定的制约性，可有效防止网络诈骗。

但是，像婚庆类网站通常没有开通第三方支付平台，而是采用直接银行汇款的方式，这种情况就必须格外谨慎，如果东西便宜得离谱，千万不要一时冲动，否则很容易上当。

婚姻可以低成本，幸福并不会打折

很多女性朋友都想办一个低成本的婚礼，可是低成本的婚礼究竟应该花多少钱，这些钱如何支配，让大家是一头雾水！而且，根据现在很多过来人的经验，婚礼上面如果费用超标，导致的直接后果就是幸福指数直线降低，办了一场自己觉得不幸福的婚礼，这是每一个女人都不愿意遇到的，那么该如何合理地支配婚礼费呢？

为了能够迎合亲朋好友的时间，曲雅典和男友的婚期定在了2013年10月18日，可是这一天各大酒楼和酒店都已经安排得满满当当，即使是换在中午，场地安排也十分困难恰巧，曲雅典和一家酒店的店员进行沟通的时候发现，有一对在该酒店工作过的员工也在同一天举行婚礼，而且还打算沿用浮雕婚礼的场景。曲雅典考虑到时间紧迫，于是马上找到这个人，提出"拼婚"的想法，让她没有想到的是这位先生立刻同意。

而且这位先生还非常通情达理地说："中午别人婚礼结束之后，要拆除舞台，场景重新布置，少说也得花几个小时，这样非常影响婚礼质量；如果我们拼婚，并将婚礼时间选在晚上，采用浮雕婚礼场景，不仅可达到我们对婚礼的要求，而且各项支出也要比中午的时间段便宜，黄金时段的司仪费、酒店场地费、茶水钱等，至少要比中午时段、单独举行婚礼多2万元左右。"

曲雅典和男友觉得这个主意非常不错，况且身边的亲朋好友大部分都在本市，来去坐车也很方便；即使是那些不方便回家的人，也可以安排他们入住附近按天收费的学生公寓，租两天价格在500元左右。这样一算，曲雅典他们相当于省下了1.5万元，而且拼婚时参加婚礼的人很多，也显得非常热闹。

曲雅典和男友都是工薪阶层，双方的家庭也不算富裕，婚礼之前又是买房又是装修的，积蓄基本上快折腾完了。虽然父母给了他们一笔资金来筹备婚礼，但是他们觉得不能太铺张浪费，毕竟，今后老老实实过日子才是最重要的呀！当然，婚礼也不能太简朴，不然外人看了会觉得没有面子，自己更是过意不去。因此，这场婚礼一切大小事宜，他们都必须"斤斤计较"，力求办一次成本不高但又风风光光的婚礼。

曲雅典他们先制定了婚礼的预算。他们仔细考虑之后，决定还是购买婚纱礼服，价格为1万元。但是在订购的时候就与店家约定好，在婚礼之后，他们的设计师能够帮助他们将婚纱礼服改成平日穿的小礼服，这样一来，以后在酒宴上也可以穿，避免了浪费。婚礼上的鲜花问题，曲雅典也想了很多办法。婚礼上没有鲜花肯定不行，但是鲜花的价格实在太贵，曲雅典的老公刚开始建议选择绢花，但是绢花的缺点就是看起来太假、太不实在。于是在朋友的建议下，曲雅典选择了一些时令的鲜花作为主要的装饰花，但是数量有限，再搭配一些藤类和绿叶植物，这些植物不仅具有自然的清新气息，而且还比鲜花的价格低得多。曲雅典他们的婚礼摄影师也没有从婚庆公司聘请，而是请曲雅典老公的大学同学帮忙。

婚礼其实和装修房子一样，总是会因各种各样的情况而发生变化，比如原本计划用5万元举办的婚礼，甚至还多准备了1万元的备用金，但是在婚礼筹办期间却突然发现，连备用金都已经花光了。面对这样的狼狈局面，想必是任何一对新人都难以面对和接受的。因此，想要在婚礼上不差钱，那么你不妨从以下几方面入手，保证在不降低婚礼质量的情况下，尽量压缩婚礼支出：

一、做好结婚支出预算

虽然说结婚是一件喜庆的事情，但是也有必要做一个支出预算，这样才能够约束花费，减少不必要的支出。婚礼办得再风光，也仅仅只是一天的辉煌，而接下来的生活质量才是最重要的，因此，准备婚礼的钱一定要适中，以免给将来的共同生活添加负担。

婚礼预算当中应该详尽地列出各种必要的开支，包括请帖、喜糖、婚纱照、录像、婚车、司仪、酒席等，由于购置房屋的花费较贵，最好能够单独列出，如果是为了结婚而装修房子，那么也应该列入婚礼预算中。

当然，为了省事，你也可以请婚庆公司张罗，有一些婚庆公司的费用中，可能会包括摄影、照相、花饰等费用支出，因此，在与婚庆公司进行合作的时候，首先要详细问清所收费用当中包含哪些项目，以防重复计算项目支出，做到准确预算婚礼支出。

二、剔除婚礼当中不必要的费用

做好了项目支出，并不等于一定要将钱花光，最好能够将婚礼支出控制在预算的70%以内，这样的婚礼才算是"圆满"的。比如，临时决定请亲友担当司仪，找会摄影的朋友帮忙摄影，烟酒派发不要重复，借助酒店的假花代替鲜花，免费租用朋友的车子做婚车等，这些事项看似不大，但是群众的力量不可小看，累计起来会为你省下不少钱。除此之外，预算当中必不可少的支出，比如蜜月旅行等，如果是因为时间原因不能远出，也可以改成在就近的地方出游，节省下来的费用可用来贴补别的支出。

三、压缩婚礼上的必须产品支出

剔除不必要的支出之后，剩下的都是不能再省的支出。真的不能再省了吗？也不一定，比如说餐桌上的烟酒、喜糖、饮料等，如果可以通过网上商城购买直销的产品，那么自然会比在超市或者商店当中便宜很多。当然，有的时候商场会做活动，如果你提前对婚礼进行准备，趁打折的机会购买自己的所需品，自然也可以减少你的支出。还有就是自己动手包喜糖，不仅喜庆，更比购买的成品喜糖划算得多！

现如今，生活节奏越来越快，早就催生出婚庆公司"包办"婚礼的业务，这种业务看似周到，其中也不泛有很多的陷阱，比如变相降低套餐成本、抬高酒水价格等。因此，如果你确实因为时间、精力不够需要请婚庆公司办理，那么一定要先进行方方面面的咨询，在签订合同的时候，各方面的条款都要看清，大到婚庆公司的营业执照，小到婚车的品牌、型号，摄像的时间，婚礼礼品是否额外收费，以及违约的责任和赔偿金额等，必须要一项项看清。而且，在婚礼筹办的过程中，你也不要放心地将一切都交给婚庆公司，最好能够请一两位亲戚朋友进行监督，这样才能够保证万无一失。

生宝宝的支出，你心里有数吗？

结婚后，许多小夫妻不得不面对一个现实——生一个宝宝需要高额的费用，由不得你不"计划"。对许多夫妻来说，从决定要宝宝的那一刻起，一个新的"投资计划"就要付诸实施了。由于女性的生育能力从 27 岁就开始下降，那些直到 30 岁左右才开始考虑要孩子的职业女性们，在孕期和生产时，不得不为自己和孩子的安全支付更加高额的费用。

一般来讲，大部分花费都集中在这几项上：孕前及孕期的营养补充、孕期的各项体检、孕期准妈妈的日常开销、为迎接宝宝到来而准备的东西、住院费及手术费等。

从打算怀孕的前三个月开始，女性朋友就需要补充叶酸，根据价格不同，以食用 12 个月来算，花费从一两百到上千元不等。从怀孕第三个月开始，孕妇需要建卡体检，每次检查的费用在 100 元左右；怀孕四五个月时检查一次的费用为 30 元左右；怀孕 5 个月以后，需要每个月检查一次，每次的费用大概需要 20 ~ 30 元。后三个月去医院检查的次数比较频繁，特别是最后一个月，每周都要去。总体来说，这几个月的化验和检查费用总共需要 2000 元左右。

宝宝要健康，妈妈先得营养好，多数家庭在妻子怀孕前便开始增大生活开支，通常在 200 ~ 500 元 / 月。以一年计，这笔开销约 2400 ~ 6000 元。

在怀孕的后三个月里，建议开始准备一些宝宝需要的东西。比如小床、婴儿洗涤用品、小衣服被子、专用洗澡盆、用量不少的尿不湿等。当然，如果人缘足够好，可以指望别人送你。这些费用加起来大约两千元。

俗话说"十月怀胎，一朝分娩"，可在城市里，这"一朝分娩"却不是个小数目。从住院待产开始，花钱的地方很多。通常，孕妇来到产科后要进行一次综合检查（包括肝、肾功能、血尿常规、心电图、B超等），然后决定分娩方式。如果采取顺产方式，整个过程花费通常在 2000 元左右，其中包含检查、新生儿护理和产妇护理等费用。如有其他情况或孕妇另有要求，则费用另算。如果采取剖宫产，一般费用在 4000 元左右，如使用镇痛泵或要求单间产房，费用还要增加几百元。

除去这些，孕妇的服装也是一笔不小的开支。绝大多数孕妇都需要穿防辐射服，穿在外面的防辐射服市场价普遍集中在 500 ～ 600 元。孕妇肚子大了，从内衣到外衣都要买专门的孕妇装，这也是一笔不可忽略的支出。大多数孕妇在怀孕期间，在服装上的花费都超过 2000 元。有的家庭为了给宝宝做个完整的记录，还专门买了摄像机，花费 5000 余元。还有的孕妇或产妇因为家人帮不上忙，需要请个保姆，这笔花费也不算少，全天候的保姆一个月得 1500 元左右。

综上，从怀孕前期的准备到生下宝宝，花个两三万很正常。不过，也不要被高昂的费用吓住，有些地方是可以节约的。比如孕妇装，由于穿时较短，可以向亲友们借着穿，或是穿老公的宽松衣服。有的人因为体质好，不需要增加太多的营养，其整个孕期的营养费也只增加了 1000 来元。话说回来，为了妈妈和宝宝的健康，有些钱该花还得花。如此"希望工程"，但对于大多数人来说，一辈子也只有这么一次机会而已。

夫妻一起奔"钱"程，日子才会更火红

对于一些刚结婚的小两口来说，他们不但需要有足够的经济基础来支撑这个新组建的家庭生活，同时也需要两个人共同面对两种完全不同生活方式的重组以及彼此的棱角磨合。但是，这些也都还不是最重要的，最为关键的问题是结婚以后的两个人应该如何面对理财观念的碰撞，这也就意味着两个人在今后的生活中如何对家庭理财做到精打细算而又能面面俱到，如何为创造幸福的家庭打下坚实的经济基础。

所以，自结婚的那天起，新婚的年轻夫妇就应该明白：今后的日子到底该怎么过？又该如何做到心往一处使，钱往一处花，让家庭财富得到最优化的利用，这也是新人们新婚理财的必修课。

有一对 90 后的新婚夫妇，丈夫李亚光，今年 25 岁，福州某软件公司部门经理，月薪 8000 元左右，年末还有额外的年终奖 2 万元。妻子张静，今年 24 岁，福州某小学教师，月薪 3000 元左右，双方单位均有五险一金，因此他们都没有办理其他商业保险。此外，家庭还有定期存款 3 万元，活期存款 3 万元。目前所居住的房子是 85 平方米左右的两室一厅结构，市价大概在 60 万左右，现在也有按揭，贷款余额 25 万元，而现在的月还款扣除公积金外需 1000 元左右，每月支出包括按揭在内总共在 7000 元左右。他们与很多 90 后的年轻人一样，也喜欢外出旅游，几乎每年都会安排 1 ~ 2 次的出游，两人费用加一起大概 1 万元。

相关理财师所给出的理财计划是这样：首先计划两年之内先要个小孩，同时购置一部家庭用车，价格控制在 10 万元左右。其次就是在小孩出生之后，准备把老家的父母接来照顾小孩，家庭成员的增加也就意味着现有住房空间有些紧张，之后，很有可能会换一套三室两厅的大房子。但是，从目前的经济状况考虑，似乎在换房时机上有点儿困难。

李亚光、张静夫妇是刚刚成立的两口之家，处于家庭形成的初期，储蓄较少，但是他们的消费欲望却不低，所以，接下来的生活里他们需要面对的责任也将日益增加。因为在未来的几年里，他们夫妻二人还将面临育儿、购车等各种家庭问题，开支也会逐步加大。因此，如果从家庭负债表出发的话，目前一定要开源节流，为今后的生活做好各种理财规划。

专家给出的理财建议是：因为流动资金作为一个家庭的紧急预备金是必不可少的，建议一般将家庭 3～6 个月的总开销留做预备金。李亚光、张静夫妇的流动资金为 3 万元，建议李亚光留 2 万元左右作为家庭预备金，其余 1 万元可以适当进行其他方面的理财投资，增加资金的收益率。

新婚夫妇一定要逐渐承担起家庭的责任，所以夫妻二人一定要调整各自婚前的消费观念，尽量减少不必要的消费。建议在二人世界阶段生活开支最好保持在 5000 元之内，如此，每月就能节余 6000 元左右。同时可考虑适当减少旅游开支，或出游前做好功课，制定一套经济的旅游攻略。总之，一定要把每年出游开支控制在 5000 元左右。

虽然李亚光一年后积累的资金已经足够购买一辆不错的新车，但是考虑到小孩可能会在近一两年内出生，到时候还可能要与父母同住，所以还将面临换大房等相关大额费用问题，完全可以考虑按揭付款购车的方式，并且每月节余的 6000 元再扣除基金定投，还有 2000 元节余，应付车贷绰绰有余，购车只需拿出积蓄的 4 万元左右就可以了。

至于李亚光夫妇换大房子的计划，可以暂时缓一缓。因为目前福州一

套 120 平方米左右三室两厅的房子，售价大概在 100 万元，装修需要 15 万元。由于第二次置业首付不能低于 4 成，也就是前期至少需要准备 45 万元。目前的住房市价约 60 万元，扣除房贷余额 25 万，只能剩下 35 万元。因此如果他们在两年内换房就会增加负担，所以，暂时可以先不考虑换房，等小孩到了 3 岁左右的时候再适当考虑。

对于子女的教育及养老规划问题，他们也需要提前考虑一下。因为一旦小孩出生，完全可以采取持之以恒的基金定投的方式。也有可能因为小孩出生后的日常开销加大，而每月的基金定投就要降低到 3000 元左右。假设以 8% 的基金平均年收益复利计算，那么李亚光家的孩子在读小学时将获得 40 万元左右的教育金。但是需要注意的是，他们每月定投的金额可根据不同时期做不同变动，灵活掌握。

李亚光可以进行投资规划，他目前只有一笔定期存款，无法满足资产保值增值需要，建议把定期存款与每年年终奖等节余资金一起进行理财配置。由于李亚光、张静夫妇均没有投资经验，所以，最好不要投资股票，可以选择基金及收益稳定的银行理财产品。在具体品种选择上，考虑到李亚光、张静的实际情况，资产配置方面可以用 50% 的可投资资金购买股票型基金，30% 购买混合型及债券型基金，20% 购买银行理财产品。投资方式可以为一次性投入与定投相结合，长期坚持以获得可观收益并为将来的子女教育、换房、养老等提前做好准备。

此外，还应该根据自己家的实际情况进行一定的保险规划。虽然两人均有五险一金，但两人均无商业保险，家庭保障显然是不够充分的，所以要增加相关的商业保险保障。建议一般小家庭的保费最好控制在整个家庭收入的 10% 左右，这样保额才可能是他们总收入的 10 倍。李亚光、张静夫妇俩可以重点考虑补充配置寿险、重大疾病险和意外伤害险等险种。因为李亚光作为家庭主要经济支柱，要担负起整个家庭的责任，趁年轻还可为自己购买一份定期寿险，成本低，险额高。

最后，为了让更多的年轻夫妇都能够过上幸福美满的生活，特意为大家整理了几条家庭理财小常识：首先，新婚夫妇一定要学会记账；其次，千万不要让自己的钱流失在不明不白中；再次，减少不必要的开支与负债，一定要做到能省则省；最后，一定要杜绝过度超前消费，合理利用信用卡，要巧妙利用定期定额进行投资，帮助实现自己的人生规划。还有就是趁自己年轻的时候，尽可能地为自己买一份合适的保险。能做到这几方面的新婚夫妇，相信今后的小日子一定能越过越红火。

8. 打理好房子问题，轻轻松松做房主

女人，应该为自己准备一套房子

有人认为，反正结婚的时候也要买房子，根本没有必要在婚前辛辛苦苦地去还房贷，于是在自己单身的时候就不考虑买房子，甚至蜗居在生存环境很狭小的房间里，一心想着结婚之后住上大房子。那么你就会发现，结婚之后的房子也不过如此，离你的期望值还有很大的距离。

曾经有这样一则消息，一名女子离婚之后无家可归，不得不带着孩子露宿街头，引起了大家的热议；还有的女人一直过着寄人篱下的无奈生活。

类似的故事有很多，也让我们更清醒，女人也一定要有一套属于自己的房子。其实，女人的自尊、自立和自强，在很大程度上是从自己拥有一套房子开始的。根据最近的调查显示，很多女性已经走出了这一步。

霞霞的父母一直不明白，在这样的一个小城市里面，年轻人结婚基本都是男方买房，女方购置家电，为什么自己的女儿非要为自己买一套房子呢？霞霞的父母一直认为自己的女儿爱慕虚荣，喜欢攀比。

但是霞霞不认为自己想要一套房子是拜金、攀比的体现。她认为，女

人一旦有了一套属于自己的房子，就可以在里面随意发泄自己的情绪，排除自己的寂寞，就好像是为自己找到了一个永远不会背叛的情侣。而且，和丈夫购买房子相比，自己的房子更像是一个可靠的避风港。

就是这样的想法，霞霞一直精打细算，即使自己的收入并不高，但是自己买一套房子的想法从来没有动摇过，终于在积攒了多年之后，她如愿以偿了。

霞霞在新房子里面高兴地说，在自己房子里面，能够有一种属于自己的安全感，这种感觉在父母和老公那里都是得不到的。

现如今，很多房地产公司的广告都开始把女性作为主要的对象，暗示女性如果可以拥有一套属于自己的房子，那么就可以最大限度地打造自己的隐私空间，甚至有的房地产开发商还列举出了女性购买住房的理由：

（一）当抱着为了能够安身立命的目的而仓促结婚之后，很大一部分女性对自己的决定会后悔。而一个有了房子的女性，则不会因为一个房子就委曲求全地嫁给一个男人。她们会有更多的时间好好挑选另一半，而在这一过程中，房子无疑是最大的精神支柱。

（二）每一个女人都会有一颗浪漫的心，而且很多女性也都想象自己今后有了属于自己的房子，要如何布置房间，墙上贴什么样的壁纸，房间地板铺什么样的花纹等。别看一间小小的房子，却能够满足女人很多奇思妙想，实现女人的心愿。

（三）夫妻二人生活不可能一帆风顺，磕磕绊绊这是难免的。当和老公吵架的时候，有了房子的女性不一定非要回娘家，而可以躲在自己的房子里面，冷静地思考，慢慢地疗伤。

（四）如果是和自己的老公住一起还好，有的女性需要和自己的公婆住在一起。住在公婆的房子里面不敢多行一步，多说一句，可以说整天都是小心翼翼地生活，真有一种寄人篱下的感觉。此时若自己拥有一套房

子，那么相信你会活得很自由和洒脱。

总而言之，哪怕是为了让自己真正自强，女人也有理由为自己准备一套房子。更何况，现如今房子早已经成为一种投资品。只要你眼光独到，资金运用合理，那么你投资房产一定会为自己带来丰厚的回报。所有这些都告诉我们，从现在开始为自己准备一套房子吧，走出自己潇洒人生的第一步。

单身女人会理财，房子也能买得起

在 2010 年某房地产公司公布的一项女性购买调查报告中显示，现如今单身女性购房的比例越来越大，在 2009 年时这一比例高达 8%，而 2010 年单身女性的购房比例就超过了 10%，由此可见，"买房比嫁人更重要"已经被越来越多的单身女性所认可。单身女性有一套属于自己的房子，不仅能够让自己获得更多的安全感，也可以在今后择偶的过程中给自己增加砝码。

大家都知道买一套房子的好处，但是买房子确实不是一件容易的事情，必须要全方面考量，而且还需要一大笔资金。很多单身女性也是非常想买房子的，但是看到如此高的房价时，她们只能停下脚步。其实，投资房地产并不仅仅只是男人还有阔太太的事情，单身女人一样可以，只要能够巧妙利用薪水，很多单身女性是可以买得起房子的。

赵明老家是陕西，她现在在北京打工，今年已经快 30 岁的她还是单身。虽然她在北京工作了很多年，但还是一直租房生活。租房长期以来给赵明带来了很多的困扰，除了和室友相处的问题之外，她几乎每年都需要寻找新的房子，每次搬家都会十分麻烦。而就在前不久，她的房租又涨价了，每个月两千多元的房租让赵明坚定了自己的想法，一定要买一套房子。

在做出决定之后，赵明开始合理地规划自己的收入，并且开始多方面打听适合自己的房源，甚至她还从网上买了很多省钱方面的书籍。就在前不久，她终于在父母的帮助下在昌平区买下了一套 50 平方米左右二手房，虽然离市中心比较远，但是离她工作的地方很近，而且房子就在地铁站附近，出行也很方便。在付完首付之后，现在赵明每个月还需要还三千多元的房贷，虽然和房租相比要贵一些，但是再也不用和以前那样，过着漂泊不定、寄人篱下的生活了，现在的赵明真正找到了归属感，工作也更加积极了。

单身女性想要买房子，肯定需要承担很大的房贷压力，但是也有一些好的经验，可以适当减轻单身女性的购房压力。

一、二手房是考虑的首选

对于单身女性而言，购买二手房可以很容易地从邻居那里打听到房子的优缺点，在选择的位置上也有比较大的空间。有很多的二手房并不是因为年久或者是质量问题而出售，只要你细心寻找，你会发现，如果房主遇到急事，比如急于出国、着急用钱等，都会出售房子，这样你还能够在房价上得到很大的优惠。

二、不求买大房子

单身女性一定要克服好高骛远的心理，不能一味地寻求大房子、好房子。单身女性购房首先要结合自己的实际收入情况和工作情况。假如只有能力购买 50 平方米的房子，就千万不要去购买 70 平方米的房子，不要以为自己以后努力工作是可以还上这些差价的。当然，在二线或者三线城市的单身女性是可以选择稍微大一点儿的房子的，但在北京、上海等这些房价很高的城市，千万要慎重考虑，更不要轻信某些中介的推销，以免今后给自己带来沉重的房贷压力。

三、考虑房子周围情况

单身女性自己买房子主要是想有一个安身的小家，并不打算用来当婚房使用。但是，房子周边的情况也是不能忽视的。应该选择周边交通便利、设施齐全的房子。虽然房子不一定非要在市中心，但是也一定要考虑房子周围的公交线路情况，最好周边学校、医院、超市等设施齐备，这样方便日后出租，减轻自己的还贷压力，甚至方便重新投资时转卖房子。

28 岁的小丹是一名销售人员，她在北京已经工作四五年了，一直和别人一起合租。小丹主要是为市区的几家大的医药公司跑销售，收入并不是很稳定，有的时候收入过万，有的时候只有几千元。而且小丹平时也没有理财的习惯，并且还非常喜欢购物，花钱大手大脚，可以说是典型的"月光族"。

等到小丹意识到买房的重要性时，她手中能够使用的资金却没有多少，这个时候她才后悔当初没有理财。

像小丹这种情况的女性并不在少数。其实，对于这类女性可以选择入住还款的方式，这样就能够降低交房初期的经济压力了。

还款人可以申请从贷款第一个月开始，与银行约定一个时间段，仅偿还贷款利息，无须偿还贷款本金，约定期满后，再开始采用等额本息或等额本金的还款方式归还贷款的本金和利息。如果购买的楼盘是期房，用这种房贷方式，还可以免除购房者过"一边交着房租，一边交着月供"的生活。不过需要提醒大家的是，这种"只还息、不还本"的方式最长不能超过 12 个月，但也不能低于 6 个月。期满后，购房者需按照事先与银行约定的等额还款方式或等额本金方式还款。

单身女性购房的比例越来越高，这当然是好事，一方面代表了女性经济实力的增强，另一方面也是女性思想独立的体现。对于工作稳定、收入稳定的单身女性而言，不妨从现在考虑为自己买一套房子，为自己安一个家。

买房和租房，哪个对你的家庭来说更合适

最近这几年，我国的房价可以说还是居高不下。根据国家统计局最新的监测数据显示，在全国 70 个大中城市内，房价都出现了小浮回落或停止了增长，但整体价格仍旧居高。

房价，这是一个让我们不得不认真思考的问题，而我们从理财的角度去考虑，到底是租房合算，还是买房更合算呢？

其实，买房在中国人的传统观念中是一件必须要完成的事情，而这种观点可以说是根深蒂固的。正所谓："男大当婚，女大当嫁。"特别是在今天，有多少大龄青年因为房子问题，有对象却不能结婚，真是愁倒了多少男子汉。

买了房，房子就是自己的了，但是我们租的房子却永远是别人的。为此，很多人结婚之前必须要买房子，就是因为租房会给人一种不稳定，甚至是不安全的感觉。

特别是对于讲究团圆、圆满的中国人而言，能够拥有自己的房子，这

是生活中的基本大事之一。

可是，根据我们现如今的房地产形势来看，房价在总体上仍将高位运行，如果我们不趁早购买，那么也许真的买不起了。

现在，我们买了房子，房屋又能有一定的升值空间，这反而又成了一种投资行为。即使是最坏的打算，如果不合适，房子也可以倒卖出手，之后再换一套新房。

也正是因为这方面的因素，买房的观点一直都占主导的地位，相信不仅是今天，在以后的很长一段时间内这一观点都不会发生改变。

但是，与买房相对的，就是另外一种逐渐被越来越多的人所共识的观点。而这一观点，就是认为租房要比买房更加划算。

对于持有这种观点的人来说，租房可以让居住的成本变得更低，让你现有的资金更加灵活，也会为你带来更多的收益。不仅如此，由于租房能够减少资金的支出，也会让你的生活质量相对更好。特别是对于那些经济能力一般的工薪阶层来说，这种消费方式显然会大幅度减少我们的压力。而且，现如今，很多人的工作非常容易出现变动，租房也可以让你的工作变得更加灵活。

反之，如果是选择买房的话，光首付就会花费你的大笔资金，让人很难做到资金的合理支配，与此同时，另外的一种风险也是我们必须要考虑的，那就是如今房价的变化非常快，而且国家也加大了对房价的调控力度，谁知道以后房价情况会是怎样呢？这对于买房的人来说，不能不说是一种风险。

确实，在目前的房价情况下，租房可以让我们的生活质量变得更高。如果你现在的经济能力还不够强大，还不足以支撑高昂的房价，那么，你选择租房，你的生活压力会减小很多，也可以把人力、物力用在更加合适的地方，用你手中的钱进行更加划算的投资，从而为你带来更大的收益。

但是，相对于其他的投资来说，除非是在一些大城市，不然买房的资金周转是非常慢的，不仅时间会很长，而且风险也会比较大。

在这个时候，我们还不如把资金投放到资本市场，或者是选择买车，甚至是去旅游，享受生活，提高生活的品质。因为我们要明白，手里的钱永远都要比手中的房子好用，衣食住行，这些只要你有了钱就可做到，可是，如果你仅仅只有一套房子，那也是不行的。而且，房子会把你大部分的钱给占用上，你也就成了不折不扣的房奴，这从理财角度来说，显然是不太合理的。相比而言，租房会让我们手中的资金更加灵活一些，收益也会更高一些。

虽然在中国人的观念里，买房这是一生中的大事，可是，大事终归是大事，也绝对不是必然之事。买房也是要讲究时机的。至少在现阶段的房价下，租房显然是更加划算的。

其实，对于我们而言，有的时候应该勇于打破传统观念，意识到买房和租房其实都是改善我们居住条件的一种途径。由于租房可以随意选择居住地点，可以随便随着工作、自然环境、社会环境的调整和变化而进行改变。

但是，如果我们一旦买了房子，那么周边的环境也就固定了，不管环境怎么样，也不管上下班的路程多远，我们都必须去被动接受。

如果遇到自己买的房子附近上下班堵车，周边生活配套设施跟不上，那么你也没有办法，只能接受现实，但是相对而言，租房就可以灵活一些，让生活质量也更高一些。

我们试想一下，买一套房子，一次支出可能就高达几十万元，除此之外还要每个月还月供，成本远远超过了租房。

当然，买房也固然能够得到收益，可是如果我们把这样一笔资金用作其他的投资，那么将会获得更高的收益。而且，我们在买房之后，还需要承担还款的压力，还需要面对房价下跌的风险等。

特别是目前房价持续走高，很显然租房的成本要远远低于买房，租房所节省下来的资金去做其他投资的话，相信收益也会超过买房这一投资，而且，租房还会让你的生活品质更高。

房子，一直以来都是我们最关心的话题。能够真正拥有一套属于自己的房子，这也是绝大多数人的梦想。

其实，到底是买房更合算，还是租房更合算，最为关键的就在于能够从理财的角度去进行选择。

正是所谓"人无完人"，买房和租房也是各有利弊，到底哪个更合算还需要结合我们每一个人的实际情况进行分析，只有这样才可以做出合理的选择。

以房养房——绝对是不错的选择

有很多购买了房子的人，每个月还贷的压力非常大。特别是对于一些薪水并不算很高的房奴来说，每个月还贷的压力其实是非常沉重的。所以，很多人出于理财的考虑，出现了所谓的"一半出租，一半自住"的房东。

简单地说，假如你是一家二室一厅房子的主人，你把一个卧室留给自己住，另外一个卧室出租，每月收取租金。

试想，如果一个人月收入在 2000 元左右，他每月还要负担按揭还贷，甚至还要应付日常的生活开支，那么肯定是比较吃力。因此，我们可以出租另一半房屋，从而实现以房养房，这样也就可以减轻还贷的压力了。

还有一些人，他们在已经拥有了一套住房的情况下，又购买了一套新的房子，于是他们为了还贷，就选择把之前的旧房子出租，这其实也是一种以房养房的方式。

现如今，这种以房养房的房地产理财方式可以说是蔚然成风。也正是这样的做法，让很多人实现了房奴和房主之间的角色转换。

但是，以房养房绝对不是一件简单的事情，这往往需要房东具有长远的理财眼光，当然还需要有充分预计风险的能力，要把以房养房过程当中的每一笔费用都计算清楚，只有这样才能够做到稳中求胜。

那么，以房养房是否划算呢？总体而言，我们要把握好原则，如果出租房产年收益率要高于银行的按揭贷款利率的话，那么就应该出租，反之则建议出售。

举例来说，假如你现在有一套建筑面积 60 平方米左右的老式住宅，假如当下的市值估价在 24 万元左右，如果你以每个月租金 750 ～ 800 元出租，那么相当于你一年的租金收益为 9000 ～ 9600 元，这样算下来，年租金收益率就在 3.75% ～ 4%。由此我们可以得出结论，出租之后的收入，想要超过银行贷款利率显然是具有一定难度的。

除此之外，租金收益同时会受到市场供求关系，以及定价因素的影响，而对于新购买的房子，每个月的银行贷款都是固定的，这样算下来，"以房养房"还不如"卖房款存银行"。

当然，上述计算里面有一个重要的实际情况我们没有考虑在内，那就是这几年，中国的房价一直都在持续地攀升。尽管现如今谁也不能对未来的房价有一个定论，但是我们要考虑到中国房价强劲的上涨趋势，如果我们计算上房价未来的上升空间，那么以房养房则显得非常划算了。

虽然以房养房从表面上看是比较划算的，但是如果你真选择以房养房，那么在租房过程中也需要考虑以下的一些风险：

（一）采用以房养房的理财方式，除了每个月固定要支付银行贷款本息之外，你还需要承受一些出租收入不稳定、物业贬值等客观存在的风险因素。尽管房产作为不动产，它的价值波动要远远比股市小很多，但是在一些特定情况下，它的波动幅度同样也是非常大的。特别是当下，很多专家都认为中国的房地产出现了泡沫，如果有一天真面临了破裂，那么势必会带来房屋的巨大贬值，那么这对于以房养房的人来说，冲击是非常大的。

（二）租房就意味着需面临供求关系的变化，而这样同样也是具有一定风险的。房产的供给量与客户的有效购买量一直都呈现一种动态变化的关系。在供应量超过购买量的时候，房价就会出现下跌。

（三）以房养房的人自身也面临着按揭还贷的风险。如果所还贷额占收入或者是资产的比重比较大，那么在将来，一旦出现了一些突发情况或意外事件，那么就很容易出现还贷困难，甚至还会出现断供的可能。

除了上述这些风险之外，以房养房还面临着银行加息等风险。所以，我们想要保证以房养房的理财方式能够顺利进行，那么我们最好能够达到以下要求：

也就是：租金收入＋家庭其他收入（包括工资、存款利息等）的和，一定要大于还贷额度＋家庭正常开销的和。

尤其是在家庭收入和正常开销不发生变化的情况下，租金收入越高，那么相对而言，还贷额度越低，家庭财务安全系数也就越大。

这一原则，对于以房养房的人来说，是非常重要的。

感情再好，房产证的问题也要处理好

李小姐和老公王先生在 2002 年的时候因为工作原因相识，当时双方感觉都很好，再加上朋友的撮合，于是两个人开始谈恋爱，在 2 年之后结婚。在 2003 年的时候，李小姐认为房地产市场价格还会大幅上涨，希望可以抓住这个机会买下自己的房子，于是就贷款买了一套房子，并且办理了房产证。

2004 年，李小姐和王先生结婚之后，二人开始一起偿还贷款。但是好景不长，在 2006 年的时候，李小姐发现老公出轨，于是决定离婚。可是，王先生却要求将李小姐婚前购买的房子作为夫妻共同财产进行分割。李小姐对于这方面的知识并不了解，于是不得不请律师。一方婚前付的房屋首付款（产权证婚前办下来的），婚后夫妻二人共同偿还银行贷款，那么另一方是否拥有该房屋的产权？如果离婚后，对此贷款购买的房屋应如何分配？对婚后还贷部分的增值财产又该如何划分呢？

其实，根据《城市房屋权属登记管理办法》第五条规定：房屋权属证书是权利人依法拥有房屋所有权并对房屋行使占有、使用、收益和处分权利的唯一合法凭证。所以，房屋的所有权归属应当以房产证上面所记载的权利人为准。

李小姐在婚前以自己的名义签订了购房合同和贷款合同，而且办理了房产证，那么房屋的所有权自然归李小姐所有。婚前一方以自己的名义贷款购买的房屋属于个人财产，不会因为婚后以夫妻共同财产偿还贷款而转化为夫妻共同财产。

购房人向银行偿还贷款的行为，属于购房人和银行之间因为贷款行为而产生的债权债务行为，如果婚后以夫妻共同财产偿还贷款，虽然可以认定为用夫妻二人共同财产偿还一方的个人债务，但是并不影响所购房屋的所有权归属。更何况，房屋的价格升值也应当认定为房屋的自然滋息，归房屋产权所有人享有。根据《合同法》第一百六十三条规定：标的物在交付之前产生的滋息，归出卖人所有，交付之后产生的滋息，归购买人所有。所以，房屋价格升值的收益也应该归房屋产权所有人，也就是李小姐享有。

因此，我们可以得出结论，李小姐的房产并不属于夫妻共同财产，而是个人财产，并且房子升值部分也都属于李小姐的个人财产。对于双方婚后共同偿还的部分，则可以按照夫妻之间的协定或者是具体的数额由李小姐补偿给王先生。

李小姐之所以在离婚之后能够完全保留下自己对房屋的所有权，就是因为她在婚前及时将房产证办了下来，让自己对房屋的所有权有了法律的保障。

很多单身女性买了房子却总是迟着不办房产证，想着一旦办了房产证就要交公共维修基金和契税，而很多房子的维修基金和契税加到一起则可能上万元甚至是十万元，这对于刚刚交了房子首付还需要还贷的单身女性而言确实是一笔不小的开支。因此，很多单身女性都产生了这样的念头，反正是我自己的房子，不如先拖一阵，等赚了钱之后，手头宽裕的时候再办。

这样的想法是不提倡的，因为虽然可以一时节省维修基金，但是却为房子今后的归属埋下了一个很大的隐患，这种行为对于女性而言可谓得不偿失。一旦你一直懒得为房产证而交钱，你拖着拖着就会拖到自己结婚了，可是等你突然想起来要办理房产证了，那么这个时候房子到底算婚前财产，还是婚后财产就不好说了。在这样的情况下，即使你拿出了银行的证明和房屋的购买合同，法律也是不会承认的，因为婚前出资和房屋产权这完全是不同的概念，在法律上有明确的规定，最后房子还是不会属于你。

娟娟和男朋友曹宁谈恋爱已经三年时间了，感情一直都非常稳定，在2010年终于到了谈婚论嫁的阶段。本来这是一件双方都觉得很幸福的事情，可是却没有想到由于房产证问题，双方家庭闹得是不可开交，险些婚没有结成。

娟娟毕业于一所名牌大学，在一家知名外企已经工作了四五年的时间，由于平时她也没有大手大脚花钱的习惯，所以攒下了一笔可观的资金。于是娟娟就考虑把这笔钱拿出来，支付一套小二居房子的首付。

可是关键问题是，首付已经交了，房产证却迟迟办不下来。当时身边很多懂法律的朋友都劝娟娟，这是关系到房子所有权的问题，千万不能耽误，一定要等到房产证办下来再和曹宁结婚。而曹宁却并不这样认为，他觉得自己和娟娟感情这么好，怎么能够因为房产证的问题不结婚。在结婚之前就这么在乎钱，这是对婚姻没有信心的表现，所以曹宁表示，还没有结婚就因为钱开始闹矛盾，那么今后的日子还怎么过！

最后娟娟还是妥协了，因为她不想因为这件事情失去曹宁，于是就在房产证办下来之前和曹宁登记结婚。在婚后的头两三年，两人的生活不错，但是好景不长，曹宁的家里因为娟娟生的是女儿，总是对她冷言冷语，甚至还时不时让曹宁和娟娟离婚。而娟娟对于曹宁这种模棱两可的态度更是气愤和失望，于是，二人最终没能够维系好这段婚姻，最后，娟娟因为没有在婚前办理房产证，为此失去了房子的一半所有权。

现实生活中，婚期将至而房产证却迟迟没有办下来的情况很多，这个时候也是有办法解决的。比如，你可以选择和你未来的丈夫签订一个契约，明确说明这房子的所有权问题。这样一份协议是有婚前协议性质的，同样也能够保障你的所有权不受到伤害。更何况，婚期也不能够因为房产证办不下来而不办，那么这样的契约就是最好的选择。你在契约中还可以说明，你在婚后使用婚前的个人财产来支付房屋的贷款，完全不需要丈夫出力，这样即使是婚后才办理的产权证，也不需要再担心房屋的归属问题了。

总之，女性为了保障自己对房屋的所有权不被他人侵蚀，尽快办下自己的房产证才最为稳妥。

买二手房，有些事你不得不弄清楚

买二手房的目的多种多样，有的是为了结婚，有的是想改善居住条件，还有一些是为孩子上学选学区房……不管是出于什么目的，在购买二手房时，都要将各方面的情况考虑透彻。否则，一个不小心就会掉到陷阱里。

赵姨一直想给女儿买一套学区房，前段时间她相中一套 140 平方米左右的房子，挂牌价在 150 万元左右，折合单价约 10714 元 / 平方米，比该小区目前较好户型的挂牌均价少了将近 2000 元 / 平方米。她原以为这套房子之所以便宜是因为临着马路，但经纪人介绍说，这幢房子恰恰位于小区的中心。赵姨一听，兴冲冲地去现场看房子了。房子所处的楼栋确实在小区中心位置，但是为一楼。因为小区内的房子大多是高层住宅，一楼几乎难见阳光。"难怪比其他的要便宜那么多呢，原来一年四季都见不着太阳！"看完房子，赵姨不无遗憾地说。

买二手房也不是件容易的事情，价钱是便宜了，但需要考虑的问题似乎却更多了。

一、产权归属问题

二手房交易最重要的一项就是产权证。根据我国《城市房地产管理法》第 59 条规定："国家实行土地使用权和房屋所有权登记发证制度。"因此在购买二手房时，一定要弄清楚房屋产权的归属问题，凡是有产权纠纷的，或者是有部分产权、共有产权、产权不清、无产权的房子，即使价格再合理、环境再优越，也不要购买。拿不到房屋产权证，会给日后带来很多麻烦。此外，要注意产权证上的房主与卖房人是否为同一个人。在验看产权证时，一定要查看正本，并且到房地产管理部门进行核实。

二、房屋结构问题

有些二手房的房屋结构相当复杂，特别是那些经过多次改造的房子，房屋结构都不容乐观。因此在购买时，不但要了解房屋建成的年代（有的房主为了尽快出手，故意隐瞒房屋建成时间），还要了解其建筑面积和使用面积是否与产权证上所标明的相一致。此外，还要考虑房屋布局是否合理、各项设施是否齐全，尤其是房屋是否经历过具有破坏结构的装修、有无私搭、天花板是否渗水、墙壁有无裂纹等情况，以免购买后既要加大维修费用，又住得不够踏实放心。

三、周边环境、配套设施问题

随着人们生活水平的不断提高，对居住环境及配套设施的要求也越来越高。在购买二手房时，要认真考察房屋周围有无污染源，如噪声、有害气体、水污染、垃圾等。此外，房屋周边环境、小区安保、卫生清洁等方面有无不妥，都要进行实地考察。

四、物业管理问题

对物业管理的考察，主要考察物业公司的信誉。此外，保安人员的基本素质和保安装备、管理人员的专业水平和服务态度、小区环境是否清洁卫生、各项设施设备是否完好等，这都是判断一个物业公司是优是劣的基本标准。此外，还要了解物业管理费用的收取标准，水、电、燃气、供暖的价格以及停车位的收费等，了解是否建立了公共设施设备维护专项基金，免得日后支付庞大的维修养护费用。

五、办理交易手续问题

二手房的交易手续一定要亲自到交易场所办理。有的人在购买二手房时，一怕麻烦；二容易轻信他人；三为了节省一点儿交易手续费，于是在售房人的花言巧语下，由售房人全权代理办交易手续，结果拿到的房产证有可能是假的。如此，房屋所有权得不到法律的保护，纠纷在所难免。因此，在购买二手房时，一定要到政府指定的房地产交易场所办理正规的产权交易手续，最好买卖双方能够一手交钱一手交证，最大限度地保证双方利益都不受损。

婚后独自还贷，一定留好凭证

　　婚前买房和婚后买房是各有利弊的，这其中的利弊也绝对不能够用经济学知识简单地表示。调查发现，现代女性已经有了更强经济独立的能力，并且还有很强的独立意识，以及财产保护意识。而社会也给了女性更多的自主决策权，这些都是对女性独立意识认可和尊重的表现，特别是婚前先购买一套住房的女性人数明显上升。

　　女性在婚姻当中更注重情感，但是为了避免自己因为婚姻破裂而受到物质上的伤害，女性不应该忽视物质上的某些东西，特别是对于个人财产和夫妻共同财产一定要分清楚，因为我们谁也不能够保证自己的婚姻一辈子不出现问题。

　　对于即将开始婚姻生活的女性而言，首先，要弄清楚法律赋予自己哪些权利，弄清楚哪些属于夫妻共同财产，哪些属于个人财产。第二，要对现在的家庭财产和收入情况有一个大概的了解，绝对不要稀里糊涂就嫁给对方。第三，我们一定要有防患于未然的意识，在日常生活中要巧妙地留下关于个人财产和夫妻共同财产的相关证据。

　　刘女士 2010 年的时候从老家来到北京打拼，在此之前，她曾经谈过一个男朋友，二人交往了 5 年，最后因为刘女士要来北京，二人才不得不分手。这件事让刘女士情绪非常低落。后来，刘女士在一次网上组织的旅游活动中认识了现在的老公，双方当时觉得很谈得来，于是开始交往，刘

女士也非常珍惜这段感情。

刘女士在一家传媒公司工作，属于女强人，存有一定的积蓄。在和老公结婚之后，刘女士看中了一套房子，于是决定把老家的房子卖了，拿出自己的积蓄买下了现在这套房子。这套房子花费将近300万元，不管是首付还是贷款，都是从刘女士的婚前财产中支出的，老公没有花费一分钱。

后来，二人出现了矛盾，尽管刘女士很悉心维护这段感情，但是后来还是走上了离婚的道路。而且让刘女士很惊讶的是，自己一个人辛辛苦苦买下的房子，老公一分钱没花，居然还分走了一半的产权。

原来，刘女士在结婚之后，还款的方式是非常混乱的，今天用这个卡还点儿，明天用那个卡还点儿，就这样转来转去，谁也没有办法证明买房子的钱是刘女士一个人花的。最后刘女士不得不通过律师的帮助，但是还是没有改变前夫分走一半房产的事实。

就这样，刘女士白白吃了大亏，就是因为她没有妥善保管自己还房贷的根据，无法证明自己还房贷的经济来源，再加上前夫一口咬定还贷是他的钱，刘女士一点儿办法都没有。

由于购买房子的金额巨大，往往很少通过现金的方式，通常会采用银行转账的方式，此时一定要保存好记录。如果乙方的出资是从朋友那里借来的，那么一定要保存好借条和收据，以及还款的书面证明。另外，我们还需要说明转账的钱是用来购房，一般情况下，未婚的二人最好能够有一个书面协议，说明双方对所购房产的出资比例。

其实在通过银行直接转账的时候，资金流动是有一个非常明确的路径的。而且银行还会打印回单，我们一定要留着这些存单，这都是你使用婚前财产还贷的证据。

还有很多女性没有直接转账给银行还贷的习惯，而是很随意地从ATM机取出一些钱来，花到一半才想起来去还房贷，存到了另一家银行，再取再存，如果长期这样，银行是没有办法证明你还房贷的钱来自哪里的。

　　除了婚后独自还贷的清单要保存好之外，女性婚前的个人财产也需要做好账目，哪怕自己的存折已经用完了，也不要随便扔掉，这些都是记录你婚前的财产和之后财产去向的证据。

　　结婚时每个女人都会抱着和对方白头到老的念头，可是我们也要明白，一旦走到情感破裂的那一天，我们千万不能够让自己连最后的物质保障都失去。

　　细心地留下相关的财产线索证据，也许某一天，你就会庆幸当初的这一明智之举。

9. 量体裁衣——家庭情况不同，理财重点各不同

丁克家庭：一定要让自己老有所养

现在，越来越多的中国女性开始拒绝生育，于是不要孩子的丁克家庭数量也逐渐庞大起来。据不完全统计，中国大中型城市已经出现了60万个丁克家庭。丁克的名称其实是来自于英文DINK，在汉语当中主要是指那些具有生育能力但是却选择不生育人群。除了主动不生育，也可能是主观或者客观原因而被动选择不生育人群。特别是随着现代社会的压力日益增大，越来越多的夫妇选择不生孩子，自愿加入到丁克家庭当中。

丁克家庭肯定有丁克家庭的好处，在当下教育费用如此昂贵的今天，丁克家庭与那些有孩子的家庭相比，可以节省下来一大笔养育子女的费用，生活质量也要高于普通家庭。

孟玉洁今年35岁，全职家庭主妇，她的丈夫刘先生今年40岁，是一名自由作家。二人都没有打算要小孩。家庭总资产约1031万元，主要包括商铺一间（市值350万元），出租房一套（市值280万元），自住房一套（市值380万元），存款2万元及股票市值19万元。孟玉洁的丈夫刘先生的收入是整个家庭收入的主要来源，每月收入大约 6500 元，另外房租的收入每月 3800 元（商铺出租 3000 元，住房出租 800 元）。家庭月支出约 4250 元，家庭每月还能够节余 10300-4250=6050 元。家庭无任何负债。

孟玉洁和她丈夫最近商量着想趁目前房价相对低时购买一套约 150 平方米的自住房。由于不打算要孩子，他们很担心如果换房子，家里的商铺、出租房、自住房不知该如何处理，由于没有孩子，也不知道以后应该如何保障晚年的生活。

经过测算孟玉洁一家的几项核心财务指标，负债率（总负债／总资产）为 0，支出率（年支出／年收入 =51000 ／ 123600）为 41.26%，流动性比率（流动性资产／每月支出 =20000 ／ 4250）为 4.71。合适的指标是，家庭的资产负债比率在 50% 以内，支出比率小于 40%，而流动性比率小于 3。由此可见，孟玉洁的家庭财务明显存在三个不足：资产的负债安全度过高；金融资产投资组合单一，风险偏大；没有医疗及养老保险，家庭风险防范能力较弱。孟玉洁与先生都没有一般单位提供的住房公积金、养老保险金等保障。刘先生是家庭的经济支柱，可是一旦遭遇变故，那么家庭生活的质量肯定会急剧恶化。

在中国，是非常讲究"养儿防老"的，处于丁克家庭的女性必须要考虑家庭理财计划中必不可少的风险管理工具——保险，特别是意外保险和重大疾病保险。很多人不想要孩子，是希望将来的生活可以宽松一些。但是对于丁克家庭而言，没有比养老更重要的理财规划了。为了能够保证在步入晚年之后可以从容优雅地颐养天年，因此养老计划应该尽早实施。

丁克家庭女性在年轻的时候理财具备相当大的自由性，因为原本占有家庭支出比重极大的孩子教育支出是不存在的，她们能够将剩余下来的钱进行理财投资。一般而言，一个家庭的应急准备金不低于可投资资产的 10%。虽然不存在教育支出这一部分的花销，也应该把应急准备金准备出

来，以备家庭突发状况的发生。

而其余的资金应该及时转为投资基金，比如债券型基金、股票型基金等。购买基金则可以采取定期定额的方式投资。同债券基金的"看似安全，实则危险"相比，系统化投资于股票基金可以说是"看似危险，实则安全"的。但基金一定要长期持有，如果投资一二十年，投资报酬率远远要比储蓄险赚钱快，也更有利于更快达到理财目标，与此同时，也为以后夫妇的养老提前做了准备。

对于丁克家庭而言，提前储备养老金是非常重要的。虽然孟玉洁一家没有任何的负债，还有部分存款节余，可是却没有保险意识。尤其是对于刘先生来说，工作压力太大，漫长岁月中又无法保证身体永无大恙，将来还需要面对昂贵的医疗费用支出、养老等。因此，在夫妻两人收入高峰期能够制订一份充足完善的养老规划，这是丁克家族快乐地度过晚年生活必不可少的前提。

鉴于家庭的整体收入水平，丁克家庭应拿出家庭年收入的15%给两人各投保一份重大疾病保险、年金保险和两全保险，同时还附加一些含有医疗赔偿的相关险种，那么这样就可以确保晚年老有所养。

面对突发意外事件的时候，意外保险就具有了基本的抗风险能力，而健康保险则可以抵御疾病侵袭。作为一家顶梁柱的刘先生，购买一份重大疾病保险是非常重要的，该险种保额为10万元。因为这种重疾保险诊断之后能够获得一笔保险金，这样就可以保证度过生命难关，能够让整个家庭在面对巨额治疗费的时候，不必手足无措地抛出股票和基金，最大限度地保存收益。

女性在现代社会和家庭中的角色发生变化，越来越表明她们对于保险的需求并不低于男性，而且在生活中还会承受一些更高、更特别的风险。孟玉洁需要购买女性疾病保险给予特别关护，另外，她还需要购买一些传统的每日住院补贴和医疗费用的补偿性保险，因为这种津贴不仅可以弥补部分误工的损失，而且还能够购买营养品，从而尽快地恢复健康。

我们每一个人都有老的时候，可是对于丁克家庭而言，没有孩子就意味着缺少了年老时的依靠。所以，对于丁克家庭的女性而言，一定要在年轻的时候就提早做好防病养老的准备，让自己老有所养、老有所依。

蜗牛家庭：再苦也不能忽略孩子

在生活成本比较高的大城市当中会有这样一群人，他们的工资一般，但是支出很多，有限的收入与各种繁多的家庭支出相比总是觉得紧巴巴的，这类家庭被人们称为"蜗牛家庭"。

看到这些，你是否担心自己一不小心就成了蜗牛家庭当中的一员呢？看似有着可观的收入，但是却背负着沉重的债务负担，慢慢地努力着。

今年 30 岁的郑丽丽一家就是非常典型的中国负重家庭。郑丽丽在一家私企从事会计工作，工资比较稳定，每月 2000 元钱。而她的老公在一家广告公司做策划主管，每月收入 6000 元左右，收益理想的时候还有效益提成，年底一般有 10000 元左右的年终奖。

在半年之前，郑丽丽刚生下孩子，如今孩子已经快 10 个月了，每个月的开销比较大，尿不湿加奶粉是最大的挑费，将近 2000 元。再加上有 4 位老人，好在 4 位老人都有自己的退休工资，还能够帮助郑丽丽照顾孩子。

郑丽丽买房子贷款 30 万元，月供 1750 元，其他每月生活开支约 3000 元，银行存款不多，仅仅只有 3 万元。目前还没有进行其他的投资。

蜗牛家庭相比于新婚不久的小两口之家增加的不仅仅只是房子的压力，还有孩子上学的压力。处于蜗牛家庭的女性通常 30 岁以上，需要和老公一起还房贷，养活孩子，维持家庭的日常开支，可以说整天都背负着沉重的压力。

有很多蜗牛家庭都是把房子放在家庭的首位，认为在这一阶段还是应该有一间属于自己的房子，可是，如果在买房这一目标上面耗费太多的资源，那么肯定会影响其他目标的实现，甚至是生活水平的提高。

对于处于蜗牛家庭的女性而言，更应该充分考虑自己的收入水平和还贷能力，务必要好好规划一家人的生活，从而早日脱离重重的"蜗牛壳"。

郑丽丽和先生就是凭借着自己的努力和双方老人的鼎力相助，现如今已经初步建立起了自己温馨幸福的小家庭，更有了一个可爱的宝宝。可是与此同时，在家庭的形成期，小两口也承担了比较大的压力和责任，比如需要计划好子女养育和父母赡养等问题。所以，合理地配置家庭的资产负债，充分做好家庭主要成员的风险保障这显得非常重要了。

蜗牛家庭总体来说是比较脆弱的，抵御风险的能力相对较低，所以更需要强调社会保险在家庭中的地位和作用。

在郑丽丽一家当中，先生不容置疑是这个家庭的经济支柱，而且在先生退休之前，他需要承担还没还完的房贷 27 万元左右，以及孩子成长到 18 岁所需要的基础教育费用，总计大约为 19 万元，父母的赡养费算到父母 80 岁可能需要 2 万元，另外还有一家人的日常生活开支。换句话说，在未来 20 年，先生的身上将会背着至少接近 50 万元的压力。假如先生的人生一帆风顺，不出任何风险意外的话，他身上的这些压力是可以迎刃而解。

可是如果不幸遇到意外，再失去了工作能力甚至生命，那么这50万元不会因为先生的失能而自动消失，它会继续压在这个家庭的头上。如果没有任何的家庭保障机制，那么债务将会压得这个家庭喘不过气来，这样郑丽丽不仅会陷入失去家庭支柱的悲痛中，而且还会身陷财务危机，那么家庭的生活水平肯定会一蹶不振，甚至可能连孩子的教育费用都会成为问题。

其实这就好像是金字塔的结构一样，夫妻二人就是金字塔的底盘，蜗居家庭中的女性制订理财计划的时候，首先需要考虑的是把这个底盘打结实了才能稳固推动家庭前进，哪怕是有风险来临，结实的基地也能够抵挡风险，而且也只有坚固的基础，蜗牛家庭才能够慢慢添砖加瓦，顺理成章地往上进行投资。所以，专家建议可以给家中的顶梁柱购买一份保险，被保险人于保单签发90天后首次罹患合同列明的重大疾病之一，将获得等同于保险金额的现金给付。如果被保险人不幸身故，那么受益人将会得到等同于保险金额的现金给付。而且更具有竞争优势的是这款产品是储蓄兼分红型重疾产品，如果被保险人生存至80周岁，而且还没有发生本产品指定的重大疾病，那么将会得到等同于保险金额的现金给付。

俗话说："一切为了孩子，再苦也不能苦孩子，再穷也不能穷教育。"孩子作为蜗牛家庭的希望，我们必须把孩子放在家庭投资理财的首位。作为母亲，所有的辛苦付出、努力，其实都是为了能够为孩子创造一个舒适的生长环境，从而让孩子将来有一个良好的发展。

统计资料显示，在大城市，一个孩子从出生到成年需要耗费不少于49万元的资金。这对于蜗牛家庭而言，如何筹集并运用好这一大笔钱将是摆在每一位父母面前的首要问题。

在孩子的成长过程中，除了健康之外，教育自然是头等大事，子女教育问题也就理所当然成为蜗牛家庭父母最关注的一个问题。因此，可以考

虑少儿分红型产品，比如"阳光宝宝"理财计划等，这样就能够提前为孩子提供充足的大学教育准备金，并且每年以 5% 递增还享受分红。

25 岁被看成是人生新的起点，当孩子踏上新的征程，探寻他自己的世界时，父母为之整理行囊。理财计划此时等于是送上一笔创业金。让教育的步伐更加坚定，父母的爱和良好的储蓄习惯将会默默地陪伴并影响孩子的一生。

单亲妈妈：你好，孩子才会好

根据一项调查显示，成都的离婚和结婚比率已经接近了 1 ：3，而在 20 年的时间里，上海的离婚率增加了 20 倍。从恩爱夫妻到最后劳燕飞分，这样的事情越来越多地在我们的身边出现，而在感情破裂之余，单亲妈妈还要面对如何经营自己和孩子未来生活的问题。

李女士今年 34 岁，离异，和父母一起生活，孩子今年 8 岁，上小学一年级了。李女士是进出口贸易公司的员工，已经在单位上了三险一金。

李女士的基本财务状况是：月收入 8000 元左右，每月为父母留下 700 元的生活费，每个月的家庭日常开支为 1500 元，目前孩子每个月的花费在 600 元左右。银行存款 15 万元，购买了 3 万元的基金，其中有 2 万元被套牢了，还买了一些信托产品，除此之外没有其他的投资。李女士还购买了一处小户型的公寓，房子总价 52 万元，在银行做了按揭贷款，已经还了一部分，现在每个月的按揭是 2400 元，由于担心银行贷款利息上调而多付利息，李女士希望在年底前还完贷款。由于李女士的职业关系，手中还有 2 万美元，面对市场人民币升值压力，她还没有决定是否要把这些外币换成人民币。

首先，我们对作为单亲妈妈的李女士的总体财务状况做以下分析：她的总资产为 104.4 万元，负债 35 万元，说明她的财务水平为中等偏上；资产负债率为 35 万元／104.4 万元 =33.5%，资产负债能力属中等水平。她的短期及长期的偿债能力：流动资产为 54.4 万元，银行借款为 35 万元，现阶段的流动资产与负债总额的比率较低，从长期来看，她的偿债能力较低；从短期分析，流动资产 54.4 万元是现今每月应付月供金额 2400 元的 226.6 倍，因此她的短期偿债水平较高。总体而言，李女士的财务状况比较好，具有赡养父母和女儿的经济能力。

单亲妈妈是家庭中唯一的经济来源，需要独自抚养孩子，相对于双亲家庭而言，需要承受巨大的财政负担和家庭风险，所以，单亲妈妈就需要投资稳健型的项目，尽量不要投资风险高的产品。

理财也是一项专属性很强的工作，理财的目标确定了未来方案实行的目标性。有的放矢才能够使家庭中有限的资金得到最有效的利用，而且女性是最为弱势群体，更应该制定明确的理财目标。

当然，单亲妈妈应当知道只有保障自己才能够保障孩子，在制定相应的理财目标时，需要以自己为中心。在制定理财计划时，要注意以下几点：

一、暂不买房也不租房

单亲妈妈的生活压力比较大，节余是非常有限的。按揭购房或每月承担房租都将大大加重家庭的经济压力。单亲妈妈可以暂时考虑和父母同住，努力工作，提高收入，等条件改善之后再考虑购房的问题。

如果实在有买房的需要，那么可以选择小户型的公寓，当然要做好承

担一定还款负担的心理准备。

二、为家庭购买足额的保险

离婚之后，单亲妈妈成了家庭中唯一的经济来源，抚养孩子和赡养老人的义务全部都落到了单亲妈妈的身上。一旦单亲妈妈出现任何意外，那么孩子和老人的生活就将失去保障，所以，单亲妈妈必须给自己及家庭购买足额的保险，提高整个家庭抵抗风险的能力。比如，可以考虑女性重大疾病险。与一般重大疾病相比，女性的重大疾病保险内容更具有针对性。

当然，也可以为孩子购买保险，因为孩子很容易受到意外伤害。

三、建立应急资金

单亲妈妈在资金储备上一定要有所增加，至少应该将 6～8 个月的日常生活费用的资金作为应急储备。应急资金运用必须是比较保守的方式，收益则相对低一些，投资渠道包括常规的银行存款、货币市场基金、保守配置型基金、债券型基金等。

四、每月节余进行基金定投，准备子女教育金

虽然一般的单亲妈妈收入波动比较大，节余很少，但是基金定投起点很低（最低 100 元），具有收益高、强制储蓄等特点，非常适合单亲妈妈。而且基金定投越早越好，以后随着收入的增加，可以适当提高定投的起点，这样就能够让孩子的教育资金得到保障。

另外，单亲家庭的孩子一定要格外重视从小学习规划理财，可以为孩子开设一个账户，让孩子学会储蓄。专家还建议每年投入 2 万元作为孩子的理财账户储备金。

五、增加家庭收入来源

中国社会科学院曾经对 100 对有子女的离婚中青年夫妻跟踪调查，发现 85% 的子女都由女方照顾。离婚 5 年之后，男方再婚的比例高达 80% 以上，而女方再婚比例只有 22%。

单亲妈妈独自一个人撑起家庭重担，经济及精神上都有着很大的压力，由于子女年龄还很小，再婚对子女的成长、家庭的和谐都是非常有利的，而且还能够增加收入来源，缓解经济压力。

很多单亲妈妈既当爹又当妈，把所有的爱都给了自己的孩子，从来都以孩子为中心，在理财计划更是如此。其实，这样做并不是合理的。作为家中唯一的顶梁柱，单亲妈妈也要考虑到自己，只有把自己安排好了，二人之家才能稳定地发展下去。

空巢家庭：健康是最有意义的理财产品

城市新移民的出现是中国城市化的结果，但是这也直接导致了大批独守空房父母的出现。空巢家庭就是指子女长大成人之后，相继从父母的家庭当中分离出来，最后只剩下老人独自生活的家庭。

现在，人们经常说的空巢家庭，主要是指子女长大以后，外出求学或者是另立门户，造成了由老人组成的家庭。再加上计划生育的控制以及教育的发达，越来越多的中老年人步入了空巢期。空巢家庭的增加，对传统的家庭养老观念产生了巨大的冲击，空巢家庭特别要注重理财的规划，从而为晚年的生活提供有力的保障。

宋太太今年58岁，李先生61岁，都已经退休。夫妻二人有一双儿女，大学毕业之后，儿女都在外地成家立业。儿子自己创业，开了一家公司，女儿则是一位中学英语老师。老两口不想拖累子女，也不希望子女每

月寄钱过来。儿子曾经邀请父母和他一起住，可是老夫妻不愿离开生活多年的故乡，最后只好作罢。

宋太太退休金为2200元，李先生退休金为1800元，一家人的日常支出1800元左右。由于两人年事已高，他们每个月花在健身和保健品上的费用大约为600元。目前，宋太太手里有5万元活期存款，3万元3年期定期存款，10.5万元股票型基金。除此之外，两人还有两套住房，一套自住，市面的价值大约为50万元；一套出租，大约为30万元，每月租金收入1000元。老两口退休之后非常喜欢旅游，为此每年大约需要支付12000元的费用。李先生夫妇都有社会医疗保险，没有商业保险。

宋太太一家是典型的空巢家庭，儿女早已经独立，老两口与孩子分开过。当前，夫妇二人已经处于养老期，两个人的收入稳定，负担很轻，收支状况也非常合理。像宋太太这样处于空巢家庭的妇女应该如何打理自己的钱财呢？

空巢家庭的老人一般都已经濒临退休或者是已经退休，再加上孩子又都不在身边。因此，空巢家庭的妇女就应该更多地从安度晚年的角度来进行考虑，制订以健康消费为重点的理财计划：

一、把保险投资放在最重要的位置

保险公司针对老年人的保险主要分为三大类：第一类是医疗保险；第二类是意外伤害保险；第三类是寿险。老年人在选择保险产品之前，应该先确定想解决哪一方面的问题，到底是意外风险、生病医药费，还是安度晚年的养老费。

通常情况下，空巢家庭的老人年纪都已经比较大了，自身患病的可能性自然会比其他群体大。所以，老年人在购买保险的时候首先考虑的应该是医疗保险。

至于寿险，由于空巢家庭老人的子女大多数已经经济独立，而且也基本没有照顾父母的任务了，因此，通常不需要死亡险的保障。但是我国如果开始征收遗产税，寿险则应该是一个非常好的避税工具。再加上最近我国新推出了"以房养老"的倒按揭寿险业务，这也是空巢家庭，特别是无子女家庭可以考虑的一个新的方向。

在保险方面，宋太太可以为自己和李先生购买一份商业保险。另外，他们还可以购买一些保险理财产品，比如储蓄型投连险等。

二、储蓄存款应占投资理财的主体

对于空巢家庭而言，必须有一定数额的活期存款或者是定期存款，以便保证未来发生特殊情况，出现急用钱的时候及时变现，这样也不会遭受过多的损失。除此之外，也可适当买一些无风险，收益相对较高、免收利息税的短期国债，期限以不超过 3 年为宜。储蓄型存款的比例最好能够占到全部资金的 50% 以上，从而保证资金的安全。

对于如何通过储蓄有效地增加收益，有这样几种方法供空巢家庭的主妇借鉴：

1. 计划储蓄法

每个月领取退休金之后，留出当月必需的生活费用和开支，把剩下的钱按用途区分，选择适当的储蓄品种存入银行，这样就能够减少许多随意性的支出。假如想要购买一件高档商品或者是操办某项大事，那么就应该根据家庭经济收入的实际情况，建立切实可行的储蓄指标并实施攒钱计划。

2. 滚动存储法

每个月可以将积余的钱存入一张 1 年期整存整取定期储蓄存单，存储的数额可以根据家庭的经济收入而定，存满 1 年为一个周期；1 年后第一张存单到期，这样就可以取出储蓄本息，凑一个整数，从而准备下一轮的周期储蓄。就这样如此循环往复，手头始终保持 12 张存单，那么每一个就可以有一定数额的资金收益，储蓄数额滚动增加，家庭积蓄也会越来越

多的。滚动储蓄可选择1年期的，也可选择3年期或5年期的定期储蓄。这种储蓄方法相对很灵活，一旦急需用钱，只需要支取到期或者是近期所存的储蓄就可以了，从而能够有效减少利息损失。

3. 四分存储法

如果持有1万元，就可以分别存成4张定期存单，存单的金额呈金字塔状，从而适应急需时不同的数额。比如将1万元分别存成1000元、2000元、3000元和4000元4张1年期定期存单。那么这样就可以在急需用钱的时候，根据实际需要提取相应额度的存单，从而避免取小金额却不得不动用大存单的弊端，以便减少不必要的利息损失。

宋太太家庭的活期存款为50000元，每月支出3400元，正常情况下流动性比率应该是3～6倍。宋太太夫妇虽然收入比较稳定，但是考虑到老年人的身体状况，家庭需要留够满足6个月支出的应急基金。由此可见，宋太太可以保留10000元活期存款并购买10000元货币市场基金作为应急准备金。

三、风险投资适当进行

空巢家庭的老人通常无法承受过大的风险，因此不宜选择股票、基金等高风险投资品种。当然，如果家庭条件比较好的情况下，可以投一部分资金购买高风险理财产品，但是比例一定不能太高，避免遭受过大的损失。

一般来说，高风险的股票、股票基金和投资型基金等也不是空巢家庭好的选择。因为风险系数较高，股市一旦出现大幅的震荡，那么压力就会让很多老年人无法承受。在此前的一些新闻报道中，就出现过几起老年人晕倒在证券在厅的事情。因此，专家建议，即使投资也不要让自有资金比例太高。对于这些老年人来讲，投资债券基金、货币市场基金等要更稳妥一些。

　　除此之外，如果老年人选择将资金用于购买银行的理财产品，那么必须要选择容易变现的短期产品，千万不要投资收益比较高的理财产品，因为收益高的产品风险相对是比较大的。

　　有这样一种说法，老年人购买开放式股票型基金等风险类投资产品的比例，应该不大于（100- 实际年龄的年龄）%。举个例子，如一位 65 岁的老人最好投资不超过 35% 的资金用于购买开放式股票型基金等风险类投资产品，而其他的资金则可以投资于银行活期或定期、国债和债券基金及货币基金等收益类的产品。这样基本上就可以做到能攻善守，空巢家庭的老人也可以安心地享受晚年生活。

　　四、健康投资必不可少

　　健康投资是非常必要的，对于离开子女照顾独自生活的空巢老人更是非常重要。而健康投资又往往是老人易忽略的投资，因为大多数老年人生活非常节俭，不舍得花钱。

　　对于空巢家庭的老人而言，一定要改变节衣缩食的传统观念，适当增加用于外出旅游、购买健身器械等文化娱乐类的投入，保持良好的身体和精神状态。与此同时，老年人还需要定期进行体检，随时关注自身健康情况。

　　我国正在步入老龄化社会，60 岁以上的老人越来越多，由于生活条件和医疗条件的提高，老年人大多数身体健康、思维敏捷。空巢老人应该在保证自己身体健康的基础上，进行合理的投资消费，在保本的基础上让自己的财富有增无减。

"4+2+1家庭模式"：为三代人生活保障做好规划

计划生育政策实施后的很多独生子女已经到了成家立业的年龄，"4+2+1"的倒金字塔家庭模式也由此渐成主流，随之而来的就是沉重的家庭经济负担。随着老年人的平均寿命延长，晚年的花费支出也在不断增大；同时，子女的抚养教育也是一笔巨额的开支。因此，如何才能科学合理地进行理财投资，对此类家庭尤为重要。

张鑫和太太小菲都是 80 后生人，两年前携手走入婚姻的殿堂。目前，张鑫在一家外企工作，月收入 8000 元左右，小菲在一所高校教书，月收入 5000 元左右。他们的日常消费约 4000 元，如果仅就两人而言，这个小家庭在财务方面应该算是比较宽松的。但话说回来，"家家有本难念的经"，"4+2+1 模式家庭"就复杂多了，而张鑫家就属于典型的"4+2+1 模式家庭"。

张鑫的宝贝女儿今年刚满周岁，双方父母或下岗或退休，4 位老人的月收入总共加起来也不过 4000 元左右，而且身体状况又不好，平时医疗费用负担较重。所以，张鑫夫妻每月用在小孩和双方父母的花费约为 2000 元。婚后，夫妻二人贷款买了一套价值 100 万元的房子，首付 50 万之后，其余通过银行贷款来支付。

由于张鑫和小菲都有住房公积金，两人每月分别缴纳 1500 元和 1200

元，住房公积金账户余额分别为 5.5 万元和 3 万元。张鑫利用公积金申请贷款，10 年等额本息还款，每月还贷 5160 元。到目前为止，两人只存得 5 万元的活期存款，另外 5 万元投在股市中，一直被套着。前不久，张鑫为女儿购买了 5 万元的意外险，但没为自己和妻子购买过商业保险。

据此，张鑫制定了如下理财目标：

①通过适当的理财来增加家庭资产的流动性，尽早还清剩余房贷；

②完善家庭三代人的保障，及早为女儿准备教育资金；

③想在一年之内购一辆 20 万元左右的家庭用车；

④每年有 10000 元左右的家庭旅游预算。

张鑫和小菲的年收入约为 15 万元，如果能够保证每月都节余 2000 元左右的话，每年可用于储蓄的资金就是 25000 元，占年收入的 20% 多一点儿。可见，这个小家庭的实际储蓄能力并不强，家庭日常支出压力较大。在家庭保障方面，张鑫夫妇仅有单位购买的基本保险，只能满足养老和医疗的基本保障需求；双方父母收入有限，随着年龄的增加，医疗费用支出也将会增加，需要为此提前做好准备；女儿的意外险也只能部分满足日常的保障需要。由此看出，张鑫的家庭资产缺乏流动性，一旦家庭突发重大变故，可能将不得不面临很大的财务压力。

据此，建议张鑫在家庭理财规划方面考虑以下几个方面：

一、合理规划现金

张鑫和小菲的收入比较稳定，身边的现金留够一个月的开支就行，另外留两个月的开支备用，可以以货币型基金的形式存在。目前，他们的住房公积金账户余额有 8.5 万元，可以将这部分资金提取出来，其中的 61920 用于归还下年的房贷，剩余部分可用于投资。鉴于张鑫申请的是住房公积金贷款，贷款利率相对较低，没有必要提前还贷。

二、增加商业保障

目前，张鑫夫妻双方均具备基本社保，在此情况下，可以考虑适当追加商业意外险和重疾险的保障额度。尤其是意外险，需要保额在目前收入的 10 倍以上，保费每年控制在 3000 元左右即可。孩子目前 1 岁，可以适当购买意外险和少量医疗险，保额不要太高。至于四位老人，从年龄看，购买商业养老保险的性价比已经不高，如果作为家庭收入支柱的张鑫夫妇能够保障自己的身体健康，就是对老人最大的保障了。至于孩子的教育金储备，建议每月拿出 500 元定投于一只成长型基金，可以作为女儿以后教育费用的积累。

三、暂缓买车计划

通过住房公积金来还贷，可以使家庭的还贷支出减少将近 15 万元，将这笔钱用于稳健投资，两年之后，就可以轻松买上自己喜欢的车了。

四、旅游费用准备

可以将日常开支稍微压缩一下，利用每月的两三千元节余资金来构建一个稳定的基金投资组合，比如混合基金和股票基金的投资组合就不错。这种投资组合的收益相对来说比较稳定，也较容易实现增值目标，每年一万元的旅游费用可以轻松搞定。

与"五口之家"相比，"4+2+1 模式家庭"因为要多负担两位老人的生活，经济负担更为沉重，因此更应当做好理财规划。

高收入家庭：你完全可以让自己的理财更有层次

　　什么是高收入家庭，通常而言，至少是月薪 1 万元以上的家庭。这样的家庭，抗风险能力较强，资金节余比较多，能够有充足的资金去进行投资理财，所以建议采取多元化投资组合的方式进行投资。例如，可以采取基金、结构性存款、集合理财产品和房产等实业投资进行组合。

　　虽然他们拥有非常体面的工作和比较高的收入，而且也有一定的财力和积蓄，但是这并不代表着他们敢安于现状，及时享乐。因为，除了通货膨胀因素之外，工资水平、年龄绝对不是一成不变的，子女教育、医疗、养老、失业等社会保障仍然缺失或不足，如果仅仅只是一味地追求大房子、好车子、高生活品质，那么在未来很有可能会面临更大的压力。

　　古人说："由俭入奢易，由奢入俭难。"所以，作为高收入家庭的女性，在制订家庭理财计划的时候必须要贯彻落实"深挖洞，广积粮"的基本原则，这才是高收入阶层"过冬"的最好法宝。

　　宋女士今年 32 岁，月工资 3000 元；宋先生今年 34 岁，每月有近万元的收入。他们的家庭月支出为 4000 元，他们还有一个 5 岁的女儿，家庭每月需给双方父母各 500 元。他们有一辆价值 8 万元的轿车和一套 60 万元的住房。还有一年后即将到期的国债 15 万元，存款 20 万元。希望将来女儿能接受高等教育，最少也要供到大学毕业，预期未来每年的大学费用为 6 万元。准备再过 5 年换一部 15 万元的汽车。

在当前的经济形势下，宋女士一家应该如何投资理财呢？

宋女士一家目前处于家庭成长期，收入很稳定，还有一定积蓄，车、房等生活工具也已具备，家庭财务活动早已经步入正常的轨道。可是，当前依旧有很多问题摆在宋女士面前，比如积攒买车款项、子女教育金和老人赡养费等，这些都是需要资金支持的。除此之外，家庭流动资产比例是非常低的，如果家庭收入出现问题，那么家庭影响是非常大的。宋先生的收入占家庭收入的70%，依赖性过大，存在很大的家庭财务风险。解决这些问题就是安然过冬的前提。

一、现金规划

准备家庭应急备用金应该作为家庭一项非常重要的理财项目，用来应对家庭中的不时之需。案例中的宋女士完全可以根据自己的情况，预留3～6个月的消费支出大约2万元，从而保障家庭的资产适当流动性；而其他的存款则可以购买货币市场基金，因为其利率高于活期，免税且流动性强。再加上这类家庭收入高，风险承受力较强，则可以选择这些产品当中风险较高的品种，风险与收益永远会成正比的，如果风险投资比例得当，那么收益肯定是相当可观的。

二、保险规划

做好保险也是家庭理财的关键一步。高收入人士由于日均工作时间、工作压力远远高于常人，因此他们的健康状况并不是非常理想。所以，对于这类人群来说，购买保险，尤其是健康险，为自己的健康与生命提供保障显得更重要了。对于宋先生来说，目前急需补充保险，以弥补暴露出来的家庭财务风险。宋先生可以说是家庭的顶梁柱，建议他购买20年定期寿险，保额50万元，年交费3000元左右，再加上常年开车，还可以购买一些意外保险，保额10万元，年保费500元左右。

三、投资规划

宋女士购买的国债比重过大，建议可以从当中分配部分资金进行较高风险的投资，比如股票和基金。

高风险的投资工具可以为投资者带来比较高的收益，但与此同时，也会为资金的安全带来很大的不确定性，因此，在选择投资工具的时候必须要兼顾低风险的投资工具，比如定期存款、国债、人民币保本理财产品等。

利用家庭存款进行金融投资，获取较高的投资收益。近期股市一路走弱，暂时观望股票型基金，到股市走强的时候可以选择进入，或者可以选择业绩较稳定的股票型基金，逢低吸入部分亦可。目前，市场上最受投资者瞩目的就是基金，建议宋女士以每月节余来购买新老基金，从而达到互补的作用。

今天的富裕并不意味着明天依旧衣食无忧；当下的生活安逸，并不意味着就能把钱也安逸地高高挂起，我们只有让金钱持续流动起来，做好长远打算，才能够为自己的家庭和生活带来美好的未来。

中等收入家庭：你需要不错的综合收益

以我国社会日渐崛起的中等收入家庭为主要研究对象，日前全球著名市场调查机构益普索（IPSOS）发布的首份《中国家庭理财调查报告》显示："近60%的中国家庭有理财经历，但仍有23%的家庭拒绝理财。在

2010 年，大约有 48% 中国家庭的投资实现盈利，22% 家庭的投资出现亏损。"

假如说高收入的家庭具有长期理财的意识和概念的话，那么中等收入家庭的理财意识则相对会薄弱一些，许多中等收入家庭的主妇认为自己的钱不多，没有必要进行打理，或者是家里不缺钱，根本不需要兴师动众进行理财和赚钱。其实这种想法是完全错误的，不管钱多钱少都是需要理财的，对于钱不是很多但是又不是很缺钱的中等收入的家庭而言更是如此。

中等收入家庭主妇在制订理财计划的时候一定要注重综合性，设立长期的理财规划，注重综合保障。而且这其中最为重要的就是给家庭制订相应的保险计划。保险则是当代家庭财务规划的重要组成部分，更是科学合理理财规划必不可少的工具之一。

保险产品在家庭财务中的作用主要表现在两大方面：第一，保险是财富的"守门员"。保险能够有效规避家庭的财务风险（司法风险、税收风险等），保障家庭的财务安全；第二，保险是一种非常稳健的理财工具。理财型保险更具有稳健理财、保值增值的功能（因为理财型保险能够分享机构投资者的投资组合优势，从而利用机构投资团队的专家智慧，来分享保险公司的投资收益）。

张女士今年 46 岁，是一家医院的医师，年收入 20 万元左右。张女士的先生今年 48 岁，是一家国企的副总，年收入 50 万元。夫妻两人每天都开着私家车上下班，张女士的先生每年都会乘飞机出差数次。夫妻二人均有社保，而且还有单位统一购买的商业保险。夫妻二人现在有一个独生儿子，今年 22 岁，正在国外读大学，明年毕业，暂时不打算继续深造。

家庭资产状况：有房两套。一套市值 300 万元，自己居住；另一套市值 120 万元左右，父母居住；张女士曾经在 2007 年金融市场前景非常好的时候购买了股票型基金，现值 30 万元；银行储蓄大概 100 万元。

家庭开销状况：家庭生活开支大概 20 万元／年，这其中包括了赡养父母的费用；儿子的学费和生活费总共 22 万元左右，现在也只剩下一年了。

保险是家庭保障的基础，任何没有考虑健康保障和意外风险的理财规划都不是完美的。因为一旦遭遇风险，所有辛辛苦苦赚的钱、理的财都会付之东流，所以每一个家庭都必须规避重大事故和重疾风险。对于处于中等收入家庭的家庭主妇而言，更需要把保险放在重要位置。

就拿张女士的例子来说，张女士和先生虽然工作稳定、收入较高，但是依旧会担心有什么重大变故，从而影响到家人今后的生活质量。因此建议张女士优先为家人考虑意外保险和重大疾病保险，而这也是稳健理财的首要前提。

儿子虽然已经长大成人，张女士二人依然需要购买适当的寿险作保障，毕竟他们还承担着相互扶养的责任和双方父母的赡养费用。

对于中产家庭来说，我们不仅仅需要重视家庭资产的稳健回报、增值保值，更应该及早考虑遗产规划、财富保全。

对于中高端家庭而言，没有遗产规划的理财也是不完美的；没有财富保全的财务规划是不科学的。张女士的家庭是典型的中产家庭，张女士夫妻的工作都比较繁忙，没有过多的时间来打理家庭的闲余资金，现有的理财方式相对而言比较单一，现在主要是集中在风险型的房产、基金和保守型的储蓄上，而且儿子即将毕业，负担将减轻，家庭年度盈余资产会大幅上升，所以建议家庭其他的投资务必以稳健型的理财方式为主，而且还需要适当增加稳健型理财工具的比例。稳健型理财方式主要包括理财保险、偏债型定投基金等。

李嘉诚曾经在谈到家庭理财的时候说过："所谓理财就是追求长期而稳定的收益。"这句话阐述了理财的两大要点，也就是稳健理财和注重长期收益。分红型理财保险兼具这两大特点。

理财保险的功用：可以作为养老补充金，能够提升张女士夫妇二人的老年生活质量，实现家庭的财务自由。而且针对张女士一家的情况，还可以把 20% 的现有银行存款用于购买国债；把 20% 的现有银行存款用于购买债券型基金；25% 的现有银行存款用于明年儿子的学费，剩余资金灵活进行定期活期银行存款规划，家庭年收入 25% 左右的资金用于办理保险。

在减少家庭风险的同时，还需要适度保证家庭财产的稳步增值，作为中等收入家庭的家庭妇女要充分重视理财投资，因为家庭的财富积累不是一天两天的事情，需要走长期的路。

中低收入的家庭：做好理财投资，逐渐实现致富

所谓中低收入家庭其实也仅仅是一个相对的概念，在不同的经济发展程度地区有着不同的划分方法。比如在上海，一个三口之家的家庭收入在 4 万元或者 4 万元以下，就属于中低收入的家庭。

目前，年轻人已经成为中等收入家庭的主体。职业上的发展对于年轻人来说是最重要的。当然，投资也是支持财务上升的一条途径。虽然中等收入的年轻家庭目前所拥有的资产不多，但是年轻就是资本，在现阶段，他们除了在职业上稳扎稳打之外，还可以做好自己的投资理财规划，从而实现经济上的步步为营。

王小姐今年 27 岁，在一个小城市工作，参加工作已经五年时间了，每个月收入 3000 元左右，刚刚考上研究生的她，今年夏天决定辞职去读

研。王小姐的男朋友在一家广告公司工作，开销比较小，但是收入并不高，每月 4500 元左右。

王小姐和男朋友打算过两年结婚。他们现在的资产都是银行存款，大约有 5 万元左右。他们的计划是买一套小户型的房子，首付大约需要 4 万元。想先租出去几年，等在结婚时简单装修一下自用。

王小姐自嘲，自己虽然也是学习经济学的，但是投资意识却比较保守，毕竟自己的收入有限，所以不敢贸然投资。王小姐的主要问题是：什么时候买房子，贷款利息和收回来的租金到底哪一个更划算。而且，像王小姐这样的中低收入的年轻人，不要求利润的最大化，只是希望能够安全一些。

在日常生活中有不少像王小姐这样的女性，虽然和男朋友并没有真正组成家庭，但是已经开始将钱财放在一起进行打理，可以说他们已经在经济上开始家庭化的管理了。对于这种月收入在 7000 元左右的二人之家而言，应该制定适当的投资规划。

一、逃避风险不如适当承担风险

家庭投资可依据自身的风险承担能力，适当主动承担风险，从而取得较高的利益。比如，医疗等费用的涨价速度肯定是超过存款的增值速度的，想要在将来获得比较完备的医疗服务，那么当下就必须追求更高的投资收益，当然也需要承担更大的风险。

二、购买小户型宜暂缓，二手房更是首选

目前，政府为了遏制房价过快增长采取了一系列的调控措施，房价已经出现了明显的回落。再加上保障性住房的不断推出，房屋供求关系得到了一定的缓解。但是，如果购房，对于王小姐这种积蓄不多的人而言，还是一个不太容易实现的梦想。但是在一个小城市中，二手房是惠而不贵的，因此是一个好的选择。买二手房可用 20 年 7 成组合贷款，留下资金可以用于消费以提高生活品质，或投资以赚取更多利润。

三、尝试多种投资

基金定投的投资收益情况通常表现为"微笑曲线"，低位时定投得越多，右端的收益曲线就会越上翘。其实，基金定投是最简单、最适合懒人的投资方法。对于刘小姐这种对于投资理财缺乏经验的人来说，购买一份基金是不错的选择。

如果想几年以后买房，转换债券也是非常好的投资方向。这种债券平时有利息收入，在有差价的时候还可以通过转换为股票来赚大钱。投资于这种债券，既不会因为损失本金而影响家庭购房的重大安排，又有赚取高额回报的可能，是一种"进可攻，退可守"的投资方式。

而且，王小姐还可以在股市投些钱。虽然短期炒股票的风险比较大，但是各国百姓投资的历史经验却证明，股市长期科学投资是积累财富的最好方式，也是普通人分享国民经济增长的便利渠道。

四、年轻人也需要保障类保险

俗话说得好，"人有旦夕祸福"，保险既是幸福生活的保障，又是一切投资的基础。保险规划是理财规划中不可缺少的一部分，王小姐现在还很年轻，手头资金也不多，养老保险规划可以在 30 岁之后再进行。目前，王小姐的重点应该是关注重大疾病保险、医疗保险和意外保险等。

针对王小姐这种月收入在 7000 元左右的家庭，理财的道路还十分漫长，需要从多方面考虑，稳扎稳打才是理财的关键。

低收入家庭：赶紧理财，才会有不错的将来

李悦昨天和老公一起去参加了朋友的婚礼，在婚礼上，一位海外回来的朋友问起了李悦他们的近况，而且还告诫李悦他们在闲暇的时间一定要多学学理财。其实，李悦并不是不想理财，实在是他们的收入微薄，无财可理。李悦觉得，他们两个人就那么一点儿工资，如果还折腾来、翻腾去的，万一出现了什么差错，岂不连仅有的一点儿积蓄都没有了，还不如让它安安稳稳地躺在银行里面睡觉呢！

李悦夫妻二人都是普通工人，月收入加起来不足 3000 元。每个月精打细算，加上结婚时收的礼金，总共只有 3 万多元存款。3 万元的存款说多不多，说少也不少，应该怎么用呢？李悦也着实费了一番心思。最后他们一致认为，把钱全部存银行里虽然保险，可是增值速度太慢；如果像别人那样炒股、炒汇，3 万元钱不仅太少，而且他们没有经验，没准很快就被折腾光了。

因此，李悦最后选择了比较稳妥的理财方式：把积蓄的 40% 作为储蓄，30% 购买国债，20% 购买银行理财产品，剩下 10% 用来购买保险。其中，储蓄主要是为了保证日常生活所需；而国债和银行理财产品收益较高，风险也小；保险，虽然说数额不大，但是却能够在紧要关头帮忙减轻负担。

事实证明，李悦的决定是正确的。

有一次，李悦的老公不小心意外受伤，去医院检查、化验，前前后后竟然花去了上千元。好在他们已经购买了保险，至少挽回了 60% 的损失，这让她和老公觉得有一丝心理安慰，试想如果没有保险，那么花的钱会更多。除此之外，每年的国债、理财产品和储蓄加起来，李悦他们也有了不少的额外收入，大大改善了他们的生活状况。

在结婚之后，李悦就放弃了大城市里奢华的生活，追随老公来到市郊经营一家小店铺，过着低调、简朴的日子。

由于没有了固定工作，家里唯一的经济来源就是这家店铺了，幸运的是这个店铺每月可盈利 4000 元，除去基本的生活费 1500 元，每月还要付店面租金 800 元，剩下来的钱全部用来打理生意。而这样的收入刚好是收支相抵，万一家里出现一些意外状况，比如宝贝突然"造访"，一定会让李悦束手无策。

为此，李悦决定节衣缩食，将日常生活费用控制在 1200 元左右，这样就可以有更多的钱来进货，赚钱的机会就会相对地增加。

目前，他们已经将租来的店面买下，每月省下的店面租金用来做其他的事情，现在李悦一家正在欢欢喜喜地迎接宝宝的到来。

对于很多收入不高的家庭，一说起理财，总认为那是很遥远的事情。殊不知，理财与生活息息相关，低收入家庭抗风险能力比较弱，在平时更应该注重理财，这样才能够在关键时刻不至于手足无措。

一、想办法存第一桶金

低收入家庭的收入少，消费却不见得少，因而想要获得家庭的第一桶金，首先必须缩减家庭开支，之后再把这些剩余的资金进行投资。在保证基本生活的前提下，一定要尽量压缩购物、娱乐消费等项目的支出。

二、善买保险，增加家庭抗风险能力

有很多人认为购买保险是有钱人做的事情，事实上，低收入家庭比富人更需要保险。因为一旦出现紧急状况，富人是不在乎那点儿损失的，反而是低收入家庭，保险的赔偿金能够大大降低家庭的经济压力。对于低收入家庭而言，建议购买以健康医疗类的保险为主，以意外险为辅，而且还能够把保险的支出费用设定在家庭总收入的 10% 左右。

而且低收入家庭在购买保险的时候，应该尽量缩短保险期限。因为保险期限的长短，与保险费的高低有直接的关系。一般来说，一年一保的意外险、定期寿险和健康险要比终身型险种费用低。为了能够节约保费，低收入家庭可以将保险期限缩短，在最需要保障的时候能够有保险保障即可。

三、谨慎投资，小风险换来大回报

低收入家庭是经不起大折腾的，因此投资应该以稳重、保险为宜，在投资之前，首先要对投资和回报进行一个评估，换句话说就是计算投资回报率。千万不要喜欢什么就投资什么，或者随波逐流，认为什么好就投资什么，一定要懂得看投资的项目有无投资价值。然后，结合自己的知识和专长，慎重投资，这样才能够让风险得到有效控制。比如，股票、期货等市场风险较大，一般是不建议低收入家庭投资的，而对于理财产品、货币市场基金、国债等，虽然说利率少，但是风险也相对较小，积少成多，非常适合低收入家庭投资。

"月光族"家庭：省省钱吧，把它用在关键的地方

在很多年轻女性中流行着一种享乐的消费观念，她们每月的全部收入都用来消费和享受，每到月底银行账户里基本处于"零状态"，因此也就出现了所谓的"月光族"（每月工资都花光，俗称"月光族"）这个群体。

"月光族"最重要的特征就是：每月挣多少，花多少；"月光族"往往穿的都是名牌，用的也是名牌，吃饭以在外边吃为主，唯独银行账户总是处于亏空状态；她们偏好开源，讨厌节流，喜爱用花掉的钱来证明自己的价值，她们认为花出去的才是钱；她们还经常认为会花钱的女人才是会挣钱的，因此，每个月辛苦挣来的"银子"，到了月底总是会花得精光，这些特征就是"月光族"的真实写照。

"月光族"表面上看起来生活得非常风光，可是实际上却埋藏着巨大的隐患，她们的资金链总是处于"断开"状态。没有积蓄，所有的收入都消费了，这种看似非常潇洒的生活方式却是以牺牲个人风险抵御能力为代价的。因此，导致的后果则是：这些人很有可能因为一次意外（疾病、失业等），从而导致自己的资金出现严重问题，以至于无法抵御这些不良影响的作用；更不能指望她们可以独立解决个人面临的成家立业、赡养老人以及抚养子女的问题了。

因此，"月光族"风光表面背后的本质就是一种被动的生活方式。这样的生活方式会把你变成一只待宰的"羔羊"，一旦风险来临，你就只能束手就擒了。

我们从心理学角度进行分析，"月光族"表现出来的是一种不成熟的心态。通过调查我们会发现，"月光族"往往跟单身是画等号的。而对于已经成家的女人，或者已经有男朋友，并且计划要成家的女人而言，往往不会成为"月光族"的成员。

这到底是什么原因呢？实际道理非常简单，你见过结婚之后的人花钱大手大脚，每月把账户里的钱都花光的家庭吗？这肯定是很少见的。因为她们需要养家、养孩子，怎么可能轻易让自己的家庭暴露在风险之下呢？

正是这样的原因让她们必须有风险意识。而单身的时候，通常是"一个人吃饱了全家不饿"的状况，父母暂时不用赡养，更没有孩子的负担，挣了再多的钱也都用于个人消费了。因此，很自然地就很难控制自己的消费，于是慢慢成为"月光族"。说得更深入一点，因为这时候她自己还是个孩子，还没有长大。

宋艳曦毕业于北京一所著名高校，毕业后在一家金融公司工作两年，月薪4000元，除去每个月的房租、生活费，宋艳曦喜欢到西单中友百货买衣服，每周至少一次。此外，每月还会在三里屯酒吧小酌两杯，一个月下来，4000元往往不够花。有时候还不得不跟好友借钱。结果两年工作下来没攒下什么钱。

宋艳曦今年25岁，她很庆幸自己是一个女孩子，因为她已经找到了一个有一定经济实力的男朋友，这样她就不用为生活的琐事而操心了。

宋艳曦虽然是一个女士，她可能在成家方面需要付出的相对较少，可是她真的就不需要存有一定的资金吗？假如她可以嫁一个"钻石王老五"那还好说，可是如果嫁一个收入平常的人，那么想要成家自然就不是那么容易了。

其实与当地普通市民的平均工资相比，宋艳曦的工资算是比较多了。即使这样，她还总是抱怨："每到月底，我就两手空空，望眼欲穿地盼望着下个月的薪水。"

想要改变平时已经习惯了的消费模式也不是很容易的，存钱对于"月光公主"来说更是一项艰难的工作。可是，为了将来的幸福生活，"月光公主"必须学会自救。

一、强迫储蓄法

很多单身女贵族都养成了有多少钱就花多少钱的习惯。想要让自己今后的生活有所保障，那么最好选择每月从账户当中强迫扣款的方式来存钱，比如零存整取。

二、忍者神龟法

现代女性追求品位，注重时尚，喜欢购买品牌物品的劲头十足，但是狂热购买名牌的结果，就只能够让自己陷入入不敷出的窘境。所以在对购买名牌有冲动的时候，你必须学会忍，要将有限的财力使用在必需品上。

三、积少成多法

一日三餐、坐公交车、一本令人心动的小说、一场赏心悦目的电影等，如此一天消费下来，你就会发现自己的钱包里面多了许多零钱。这个时候你可以将其悉数取出，专门置放一处，每天都这么坚持，等到一个季度或者是半年之后，再到银行换成整钱结算一次，你就会惊喜地发现每天取出存放的零钱早已经积累成一笔可观的数目了。

10. 不以拴牢老公为乐，而以管理资产为乐

女人管钱，好处多多

根据一项调查显示，在中国 77.3% 的家庭中，财产是由女性掌握的。通常情况下，男性的收入要高于女性，那么为什么女性经常管理财务呢？

其实，从生理角度来看，女性在生理上要比男性弱一些，但是她们却承担着养育下一代的重任。因此，对于男性而言，女性的安全感天生就更强烈一些，而经济基础成为现代社会安全感的重要来源，这也就从根本上导致了女性对于理财的最大程度的关注。除此之外，在如今男女平等的社会中，男主外女主内的传统观点依旧深深影响着人们的心理，而女主内就是指掌管财务。

因此，女性天生就是家庭的管理者，而且对于家庭这一概念总有自己的经营方式。女性所做的一切都是为了让这个家庭变得更好。

罗丹今年 28 岁，是一家公司的出纳。她结婚之后就掌握了家里面的经济大权。俗话说："新官上任三把火。"她制定了家庭财政政策，每个月固定给老公 2500 元的零花钱。在起初的几个月，老公很不习惯，特别是

每次朋友聚会，他都不敢抢着埋单了。新手机上市了，他也只能眼巴巴地看着，不敢购买。终于有一天，老公忍不住对罗丹说："至于吗？我们又不是那么穷，你还这么节衣缩食？"

罗丹笑着说道："你看，这个月你们去 KTV 唱歌，按照以往的惯例，你肯定会抢着付钱，但是这次你没有那么多钱，你没有抢着付款，人家也没有怪你啊。"

"再加上你的远房亲戚总来借炒股的钱，你都借了好几次了，他都亏得光光的。咱们哪有那么多钱让他亏啊。"

这些事实都摆在老公的面前，老公连连称赞，心悦诚服道："老婆大人，你真是太厉害了，你把家管理得太好了。"

对于家庭，女人往往有着男人不具备的管理智慧，她们在用女人独到的方式经营着家庭，并且对于家庭的收支进行着均衡地分配。而女人与生俱来的敏感和细腻，更是让女人的管理智慧发挥到了极致。

女人往往要承担做家务的责任，把经营家庭当成一项事业来做，精打细算，而且对于每一笔收入和支出都有着计划和安排，并且会花费很大的心思去满足家庭各个成员的各种需求。比如她们需要操办家里的柴米油盐，还需要给双方父母购买一些零碎的东西。所以女人管钱，更方便购买生活必需品，如果由男人来管钱，那么女人每次买生活必需品都必须要找男人拿，不仅女人觉得很麻烦，男人也会因为这些鸡毛蒜皮的小事而烦恼。

小王结婚了，可是财政大权一直由老公掌握着。如果小王需要购买东西，哪怕是一些很小的物品，都需要向老公伸手要钱。在平时，她老公只负责外面的事情，像交水电费这样的事情都是由小王经手的，这些比较固定的消费还好说，可是日常生活中的柴米油盐等各种琐碎的东西，都要一一向老公要钱，而老公又不是很了解这些东西，有的时候就会发脾气：

"怎么花那么多的钱，你怎么总向我要钱？"

有一天，刚好小王的母亲过生日，于是她和老公商量："今天我妈生日，给我几百块钱，我去买个生日蛋糕，顺便再买一些其他的东西。"

老公说："怎么要那么多钱？"

小王说："给咱妈过生日就要这么多钱啊，何况这也没有多少钱啊！"

老公说："怎么我给我妈过生日从来没有花过这么多钱啊！"

于是二人又发生了争吵。

每次小王遇到这种问题就会叹气，由于老公没有为家里的大小事情操心过，家里面的花费他也从来不知道，所以很难和他沟通。

另外，男人花钱往往比较随便，在没有结婚之前，一个人吃喝不愁，经常是把钱花得精光成为"月光族"。而结婚之后，男人依旧会有很多应酬，但是在花钱上还是像没结婚之前一样，大手大脚。如果这个时候老婆不去管钱，随意让男人花钱，那么日子还怎么过呢？

其实，一个家庭就和一个公司一样，必须有明确的分工，各司其职，不可能每个人都是领导者，而应该共同为家庭的大计着想，大的家庭计划一定要由夫妻共同来决定。男人主要负责外面的事情，更是家庭的经济支柱，而女人主要是负责家庭内部的事情。只有通过分工合作，家庭的事情才能被处理得井井有条，家庭也才会和谐美满。因此，女人管钱有很大的优势，更是女人天生的性格所决定的。

聪明女人一定会掌控家庭财政大权

到底谁掌管家里的钱，这是一个敏感又有趣的话题。在大多数人眼中，在维持传统的性别角色的家庭里，还是由女人主要承担买菜、做饭、洗衣、照顾老人、抚养孩子等责任，她们和男人一样拥有一份全职工作的同时，还必须花费精力去了解和满足家人的各种生活需求。因此，在这样的情况下，女人掌握家庭财政的情况更多，因为只是为了方便其购买家庭的必需日用品而已。

但是，随着社会的发展，女性的思想也逐渐独立。越来越多的女性认为要想人格独立，首先要经济独立。而这当中不仅仅只要有独立的收入，更代表了管理上的权力。比如美国的全职太太，她们并不是靠丈夫来养活的，她们只是分工不同的经济上的平等伙伴而已。现在观察女性的家庭地位，能否管理家里的财政大权已经成为一个重要的衡量指标。

圆圆是家庭经济 AA 制的坚决反对者，因为她觉得 AA 制会淡化家庭成员之间的感情，不利于夫妻双方的感情培养，更不利于家庭经济的发展。自打结婚以来，圆圆一直掌握着家里的财政大权，但是却几乎很少因为金钱的问题和老公发生争执。

圆圆在同事和领导的眼中是一个女强人，她比较理性，而且对于某些事情是非常的执着。

圆圆非常讨厌性格优柔寡断的人，因此最后她也嫁给了一个在大家眼中非常"男人"的男人。在刚开始的时候，大家都非常吃惊，因为大家觉得这是两个石头碰在了一起，怎么会过得好呢，大家都对圆圆今后的婚姻生活充满了担心，就怕她管不住老公。

圆圆其实心里非常清楚，男人结婚之后就怕失去自由，当然这其中也包括花钱的自由。把财政大权交给女人，也就意味着自己的一些消费将无法实现。但是圆圆坚信，只要女人能够真正地理解男人的需要，而且还能够说服男人接受自己在某些方面的消费，那么男人的担心会少很多。

结婚之后，圆圆和老公是采用定额的方式来处理两人薪水的，也就是圆圆每个月会给老公一定的生活费用。可是，当老公有额外的需要时，圆圆总会非常贴心地及时准备好现金，也从来不多干涉老公的费用去向，他们都建立在以信任为前提来共同处理财产。

两人结婚这么多年了，她老公从来没问过圆圆家里存折有多少钱，他都会直接问圆圆，咱们家现在还有多少资产。因为老公知道，圆圆会留一些钱应急，而且出现了问题，圆圆也会及时告诉他的。

虽然老公很信任圆圆，但是圆圆还是会把家里一些重大的收入和开支进行记账，会把各个账户、基金、股票、房产的价值等情况说给老公听，让老公心中有数，知道家里到底是什么情况。

虽然家里是圆圆管钱，但是圆圆从来不会用自己一个人的名字开户，而都是以老公为主，自己为辅，而且股票和基金的账户也是各开一个，全部是自己操作，同时也会定期告诉老公两个人账户的情况。当然，老公有的时候会想着多买一些股票，圆圆也会认真听从老公的意见，如果有道理就同意老公多买，两人就是这样有商量地过到了今天。

圆圆能够把家里面的财政大权掌握在手，并且让老公没有一点儿怨言，这是不容易的。而这一切主要得益于圆圆在管理家庭财政大权的时候能够做到公平、公正。特别是她不用自己的名字开户，而且股票和基金账

户也各开一个，还随时让老公知道账户的情况。这样，表面上看是圆圆在管钱，但是她老公对于家里面的财务状况也是了如指掌的。

曾有调查机构做过一项研究，关于在家中执掌财政大权的问题，大家普遍认为应该由最具有理财能力的人来掌管。原因依次是："让细心节俭的管"（38.44%）、"让更有家庭责任感的管"（35.99%）、"与性别有关"（28.02%）、"收入高的更有发言权"（16.69%）、"不想费这个心，让对方管"（10.41%）、"他（她）大手大脚，不能让他（她）管"（8.73%）、"不让他（她）管就扯皮，免得麻烦"（6.74%），另有4.15%的人选择"其他"。

"与性别有关"选择率为28.02%，让人一时间不明所以。而对此受访者回答得较多的是：女人更顾家，女人更精打细算，可以预防老公花天酒地。

其实，女性的生理条件要比男性脆弱很多，在需要力量生存的原始社会，女性很少参与残酷的生存竞争，而主要是通过女性天生的细心和敏感，通过管理家庭的财务间接参与到生存活动中，体现出自身的价值。

女性想要掌握家中的财政大权，首先一定要有强大的理财能力，这样才能够让老公放心地把家中的财产交给你。不然的话，老公再爱你，也是不允许你把家庭的财产搞得一团糟的。而且长时间以来，对于理财人们都有这样一种很固执的观念，认为男人才是这个领域的强者。比如我们见到的基金经理、企业家通常都是男性，所以给人们的印象好像是男性才应该是投资理财的主角。

可是实际上，女性在理财领域也是一点儿不逊色的，甚至很多女性的理财水平已经远远超过了男性。

而且从生理特点来说，女性的敏感、细心、忍耐和发散思维等方面都要远远超过男性。而且有很多证据显示，女性比男性对财富更有一种天生的敏感力。专家称，女性由于天生的谨慎心细，会更详细地进行投资前的研究和计划，喜欢选择平衡的投资组合。并且一旦决定了资金的投资方向，女性更愿意做长线投资，这也是女性忍耐的表现。女性所有这些品质，都会让女性的投资成功率越来越高，所以，女性想要掌握家中财政大权的需求也越来越高。

一定要把他大手大脚的毛病消除掉

男人是最爱面子的，他们总是为了面子，为了所谓的义气大手大脚地花钱，这几乎成了所有男人的通病。可是，如果任由男人这样大手大脚花钱下去，那么自己家庭的生活质量肯定是没有保障的，因此，聪明的女人一定要成为老公的"财政部长"，要为老公"减肥"。

在现实生活中，很多女性都为老公大手大脚花钱而痛苦不堪。

丹丹说："这一周还没有结束，老公就已经花掉了二千多元了，这个数字还是我自己估计出来的，因为他现在都不愿意和我说具体的数字。他花的一些钱根本不是生活的必需支出，花钱对于他就是一种习惯。我刚认识他不长时间，我就发现他很能花钱。虽然自己没有多少钱，但是我家庭条件还是不错的，而且我又是独生女，本来对金钱就没有概念，感觉花了就花了呗。可是，结婚生子之后，我一直希望他能够改变大手大脚花钱的毛病，可是现如今他却没什么改变。我俩现在的存款还不到 1 万元，可是他还是坚持买很多昂贵的东西。就在上周，我俩还因为花钱的事情吵了一架，结果他一生气摔门而出，后来告诉我，他生气开车，结果还把车给撞

了，光修理费就在 5000 元以上，我现在真不知道该怎么办才好！"

像丹丹老公这样大手大脚花钱必须要进行"减肥"，虽然很多女性也知道，可是由于老公不愿意配合，自己最后也是无可奈何。那么我们到底应该如何做呢？下面一起来看看欣欣是如何做的。

欣欣说："当初和老公恋爱那会儿，老公还在读研究生，一个月只有800 元的生活费，为此老公花钱首先要考虑的就是是否有必要，总是会精打细算。当时我已经工作了，而且工资还可以，家里面也不需要我负担什么，所以我花钱总是大手大脚的，非常的潇洒，甚至有的时候还嘲笑老公。后来老公也上班了，待遇也很好，于是我们花钱就更没有节制了。"

"俗话说'近朱者赤，近墨者黑'，老公在我的熏陶下，花钱和我一样，买东西也从来不考虑是否有用，只要是自己喜欢的就会买，而且还总是喜欢买贵的东西。当时我也没有觉得不好，反而觉得老公花钱大方，像个男人。"

"后来，我们结婚之后，才开始发现柴米油盐等一系列问题的严重性。首先给我们措手不及的就是老公单位承诺的婚后福利分房没有了，我们看着居高不下的房价，顿时傻眼了。真正过了日子才知道，生活中各种花费真的是太多了。去年有了孩子，我为了能够更好地照顾孩子不得不放弃之前的工作，这样一来，家庭的所有经济负担全部都压在了老公一个人的身上。老公每月的收入可以维持基本的生活，但是老公花钱却仍和之前一样，没有节制，不断地透支，我也说过好多次，却没有什么效果。"

后来欣欣想到了"言传身教"这个词，她觉得言传身教的效果一定要好过空洞地说教，于是她开始身体力行，自己先节俭起来。结果没多久，老公也开始省钱了。

我们从欣欣的成功经验中不难看出，要想成功地为老公大手大脚"减肥"，那么就必须要以身作则，从自身做起。

一、自己要改掉大手大脚花钱的习惯，开始学会有节制地生活

每当花钱的时候，要先考虑这个钱到底有没有必要花，买东西的时候也要学会货比三家，尽量挑选性价比比较高的，最大程度省钱。如果条件允许，还可以在网上进行购买，这样要比去实体店节省很多钱。

二、让老公试着当家

由于大多数老公都是把每个月的工资交给老婆，很少亲自管家，这就导致了老公对于家庭的各项开支并不是很了解，他只是看到了每月有好几千元交给了老婆，却看不到每月家庭支出也很多，这样就难免会因为一些钱的事情和老婆闹矛盾，不如让老公试着当家，了解家庭的各项支出，理解老婆的当家不易。

三、帮助和督促老公记账

俗话说"好记性不如烂笔头"，养成记账的好习惯可以让自己清楚地知道钱花到哪里去了，还能够进行前后对比，监督自己。

相信通过这些努力，你的老公一定能够逐渐改掉大手大脚花钱的习惯，你们的钱包也会变得越来越鼓。

做好理财规划，帮助老公实现事业目标

目标对于男人的成功是非常重要的。生活中散漫的男人，生活根本没有计划和目标，做什么事情总是稀里糊涂的。那么这个时候，做老婆的就应该想办法帮助自己的老公确定事业的目标，因为在婚姻当中，爱情不仅

是两个人的对视，还应该是两个人一起去努力。

女人对于男人的事业有着举足轻重的作用。大多数情况下，老婆的态度很有可能会影响到老公看待问题的方法。客观公正地看待周围的人有助于老公对周围事物的了解，而一个对所有人嗤之以鼻的女人则会让老公变得越来越狭隘，而正确评价他人的女人则会使老公更清醒地认识自己。

有人说，在男人还是小孩的时候，父母就给他们制定了很多的目标，而当他们长大成人之后，帮助他制定事业目标的工作就交给了老婆。因此，女人一定要懂得结合老公的职业特点和个人爱好，制定长远的事业目标和切实可行的近期目标，这才是老公成功的基石。

在每个阶段制定前进的目标和方向，这代表着拥有共同的生活愿望。在实现愿望的过程中，你们就能够彼此分享心得和分担压力，甚至能够进行换位思考。举例而言，在老公需要考试的时候，你就尽可能地不要让琐碎的生活事情打扰老公，这样他才能够花更多的时间放在考试上面。而且，他只有明确自己的奋斗目标，才能够把试考好。那么，作为老婆，应该如何帮助老公制定好他的事业目标呢？

一、盘点现在所拥有的

当我们确定了一个事业目标之后，你就要帮助老公把你们当前所处的环境状况和所拥有的资源分别整理出来，与已经制定好的目标进行对比分析，最后得出近期工作的重点。

在制定具体的事业规划之前，你们一定要把当前的环境因素和资源因素逐一清楚地分列出来。这就好像是上战场打仗之前，需要把战场的环境和自己当前所拥有的武器弹药装备情况了然于胸。

二、所缺资源从哪里来

当然了，打仗必须要有武器，做事业也需要有本钱，而本钱其实就是大家所说的资源。一个人所拥有的资源必定是有限的。那么，这些资源从哪里来呢？就是从你身边的人脉当中得来的。每个人或多或少都有自身的人脉，而在这人脉当中蕴藏着金钱、人力、渠道、信息等。

换句话而言，人脉当中几乎蕴藏着大家所想要的一切。当然，仅仅拥有人脉也是不够的，对自己的人脉还必须进行经营和管理，这样才能够不断地获得你想要的资源。因此，你除了帮助老公扩大你们的人脉之外，还需要懂得如何才能够维护好这些人脉资源。从某种意义上讲，维护好了这些人脉资源，就等于是维护好了老公的事业。

三、策略设计

其实，在这个世界上没有所谓的大事，所有的大事都是由若干件小事组成的。认真做好每一件小事，那么整合在一起就成就了大事。那么如何才能做好每一件小事呢？这就是策略。从计划到目标之间，通常是没有直线可以走的，差不多都是弯弯曲曲的道路，而这中间的每一步都不会是水到渠成的，你要帮助老公设计好每一步。

四、意外变故的应对方法

市场唯一不变的特性就是变化，一帆风顺的好事谁都想，可是现实中根本没有那么好的运气，各种各样的意外和变故随时都会发生。因此，你在帮助老公制定事业目标的时候，还必须要考虑意外情况的出现，可以事先把能想到的意外情况列出来，并且有针对性地制定这些意外出现时的应对策略。

五、注重计划的表现形式

所有的计划和策略完成之后，自然需要按照计划来行事。换句话说，你需要帮助老公依靠这个已经制定好的整体计划和策略来安排每一天的具体工作。可是，你们不能够每天都把制定好的计划和策略拿出来重新温习一遍，那么这就需要涉及整体计划的表现形式。

六、寻找执行的动力

制定计划是容易的，可是如何去执行这些计划，达到你们想要的目标呢？在执行计划的过程中，你需要帮助老公不断地思考一个又一个问题，执行一个又一个方案，这就需要一定的驱动力来作为支撑。

那么，这个驱动力从何而来呢？人类最大的敌人是自己，同时最大的驱动力也是来源于自己。驱动力的产生，除了能够实现目标的欲望之外，还有就是对自己的信心。任何一个人都不要指望别人来给你增加信心。一项科学实验证明，无论实现的任务本身是大是小，只有当事人顺利完成了，才会产生一定的信心。所以，你在帮助老公做好事业规划的设计工作时必须要注意到这一点，帮助他把容易做到的小计划、短期方案做上去，通过及时地完成来鼓励和培养信心，从而产生更大的驱动力。

俗话说得好，"好的开始是成功的一半"，事业目标和规划的制定就是成功的前提，而事业目标的制定就相当于在茫茫大海当中给自己确定了前进的方案。而具体的规划则是具体的导航，能够让你的老公一步步靠近目标，避免无谓的周折，尽快到达成功的彼岸。

把自己的感性和老公的理性结合起来去投资

当你结婚之后，爱情中更多的是日常的柴米油盐，恋爱时的浪漫会相对弱化，因此如何做好生活的规划就成为你首要面临的问题。

曾经有这样一对夫妻，老公是一个私营老板，每年收入数百万元，而老婆是一名演员，平时的收入也不低。按理说，这样的家庭吃喝肯定是不用愁了。可是二人结婚没有几年，老公的公司就倒闭了，而老婆也选择了离婚。原来事情是这样的。老婆花钱从来都是大手大脚没有节制，经常购买一些名牌的化妆品和服饰，每一次逛街，只要看见好看的衣服就会买。最后，为了购物，她甚至还挪用了老公的公司资金，就这样，最后老公公司的资金链断裂，成为一贫如洗的穷人。

从以上的事例我们会发现，因为老婆花钱没有节制，最后才导致老公公司倒闭的。虽然这样的事情并不新鲜，但是也让我们清楚地认识到，在家庭理财过程中，夫妻二人之间能否配合好是非常关键的。

通常而言，女性的心思是比较细腻的，而且观察能力也比较强，因此平时管理家庭的财产是比较合适的。而且女性的直觉通常是很准确的，女人好像就有这方面的天赋，因此在投资理财的时候，女人的预见性是需要我们高度重视的。

当然，女性往往过于保守，任何事情都讲究安全第一，比如在投资理财时，她们更喜欢储蓄或者保险，很少涉及其他的理财产品。而且，女性做事情往往犹豫不决，所以很容易和赚钱的好时机擦肩而过，因此，大多数女性并不适合进行风险投资。

相比较而言，男性在风险投资方面要比女性强一些，因为男性做决定比较果断，分析问题也很理性，这样就容易赢得赚钱的时机。而在花钱方面，男性也是很理性的。女性有时候看见自己喜欢的东西会忍不住去买，但是大多数男性在购买东西的时候往往是根据自身需要而定的。但是，对于生活中的一些理财细节，男性却没有什么耐心。

总之，在家庭生活当中，男性比较适合进行风险投资方面的理财，女性适合打理生活细节，管理家庭的日常开销。因此，一定要把自己和老公的理性结合起来，与老公达成共识，朝着共同的目标：家庭理财、财产保值、升值等方向努力。只有这样，才能发挥各自的特长和优势，管理好家庭的小金库，让钱不断生钱。

国外的很多家庭，老婆的收入可以占到家庭总收入的三分之一到二分之一。在美国三分之一的家庭当中，老婆的收入超过老公。而且研究还发现，老婆的收入越是高于老公，那么老婆在家庭财务计划中的发言权就越多，决定权也越大。在美国家庭当中，如果老婆的收入低于老公，那么将只有 20% 的家庭财产由老婆主导。

而在老婆收入是家庭主要收入的家庭当中，有四成的家庭主要是由老婆来进行投资决定的。很多研究和调查也发现，女性对于家庭财务状况要比男性更加担忧。某项家庭投资理财调查发现，47% 的受访女性表示她们缺少如何投资的知识，男性的比例为 30%。女性也坦诚她们承担财务风险的能力远不如男性，仅有 31% 的家庭主妇认为自己敢于进行风险投资，而家庭主男认为自己敢于进行风险投资的比例为 66%。

而且在面对家庭财务困难的时候，女性好像比男性更加具有忧患意识。女性对于经济衰退、通货膨胀、收入降低、房地产贬值等很多经济和金融因素要比男性更加敏感，也更加关心。一项调查显示，69% 的受访女性担心经济进一步衰退，而男性的比例为 54%。有 51% 的受访女性担心通货膨胀率会超过投资的回报率，男性的比例为 44%。47% 的受访女性担心缺少足够的钱去支付家庭的医疗保健支出，男性的比例为 40%。46% 的受访女性担心过上理想生活要差钱，男性的比例为 40%。45% 的受访女性担心房地产贬值，而男性的比例为 35%。45% 的受访女性担心退休后无法过上自己心目中理想的退休生活，男性的比例为 34%。

我们不能否认，一个家庭的财政大权大多数掌握在女性手中，而且很有趣的是，作为一家之主的男性，对于家庭重要的财务规划则比女性说了算数的机会多。根据一项相关调查发现，在美国家庭当中，有 53% 的男性表示对于家庭的重大财务规划是自己就可以说了算，而能够自己说了算的女性只占 17%。而且还有 10% 的女性承认，家庭的重大财务规划是家中的另一半说了算，而男性认为另一半说了算的人数比例为 2%。

当然，现在美国女性的经济地位已经提高了很多，甚至有的时候比男人赚的钱还多，所以，大多数家庭的重大财务计划还是由夫妻二人一起协商制定的。一项调查结果显示，73% 的女性表示是夫妻两人一同来决定重大的财务规划，受访的男性也有 45% 的人表示重大的财务规划一定要与老婆商量才会作出决定。

对于夫妻而言，不管是哪一种理财方式，都必须要以幸福为前提，如果只挣钱不花钱，每天日子过得紧巴巴的，那么这绝对不是一种好的理财方式。既要会挣钱，更要会花钱，这样的生活才算过得有滋有味。

家庭理财，需要注意的问题多

许多人总是觉得理财这样的行为只是富人们才能玩的游戏。"既然没有财，那又何谈理财？"这也是许多人真实的内心表白。其实，理财不仅仅是对现有收入或者资产的良好配置，同时，它还包括对过去财产的处置以及对未来收益的健康规划。尤其是一些年轻人，更应该学习"如何更好理财"这门课程。

对于这个问题，许多的回答也许大都停留在：你不理财，财不理你的阶段。也许这样的回答无法让人满意，但是却可以通过自己的理解，静心思考：如果想要保持现有的生活水平，满足日益增长的家庭生活需要；保证家庭财务安全，避免在任何情况下使整个家庭陷入财务困境，反而应该学着让钱生钱，以便有效地保护和积累财富。

对于所有的房奴来说，无论是在进行以个人或是以家庭为单位的理财过程中，应该注意以下几点：

一、炒股切勿过于贪心

在目前的大环境不佳的前提下，一定要谨慎入市。对于一些正处在半退休状态，而选择在家炒股的中老年人来说，必须非常小心，应该时刻注意，以免自己被套牢。

二、基金理财需要注意一定的信息积累

宋杰，是一个比较慵懒的 IT 人士，但他却是一个非常懂得理财的小青年。宋杰最喜欢的投资就是购买基金。刚开始的时候，他只是跟随朋友小试牛刀，基本也是跟着朋友的感觉走，结果往往都是事与愿违，一旦朋友的选择出了错，宋杰也就跟着不断亏损。为了能够赚钱，宋杰决定自己抽出时间来看基金，自己判断。时间上有了，但是基金知识还很欠缺，于是，宋杰又硬着头皮读了许多相关基金方面的书籍。时间不长，宋杰就开始厌恶了这种痛苦的理财生活。正当宋杰烦恼的时候，在银行从事基金营销的朋友向宋杰推荐了一种新的基金投资方式——定期定额，这也就是人们常说的"懒人理财术"。

自从宋杰采用了"懒人理财术"之后，逢人就夸定期定额投资的好处，而且如果以定期定额的方式进行投资，定期买入不同单位数的基金：当基金上涨，买到的基金单位数就会变少；当净值下跌，买到的单位数就会相应增多。就很有可能出现"上涨买少、下跌买多"的最佳状态，长期下来就能有效降低基金的单位购买成本。

三、巧用网络，处理闲置物品

马磊，一个年轻的自由职业者。因为生活质量的提高，刚刚为自己在市中心购买了一套新的大两居，由于新家里该有的家具、电器都已经配备完全了，所以之前租住的小屋里的许多旧电脑、旧家电、旧衣服以及其他的一些生活器具现在都成了"鸡肋"。

后来在朋友的介绍下，马磊便把这些闲置的物品全部登记拍照，放到"舍得网"上进行拍卖。结果刚放上去没多久，就得到了许多舍友的询问以及索取，于是马磊很快就把这些闲置的物品清理一空，还得到了一笔不小的资金，后来还为新家添置了一些新的家电。

四、利用业余时间做兼职，增加一些额外收入

全职工作之外，一旦空闲的时间比较多，可适当地选择一些兼职工作来做，英语水平高的，可以做做翻译；文字功底好的，可以写写文章；身材比例匀称的，可以进行一些礼仪服务；普通话好的，可以做对外汉语老师；财务资格比较资深的，也可再试着多兼职几个企业的账务，这样一来，在收获属于自己的薪酬之外，还可以更多地得到一些额外的进账。

如果把个人或家庭当作一个经济体来经营，实际上跟经营一家公司非常相似。公司财务学告诉我们，财务管理有长期与短期之分：长期主要管投资和融资，而短期的主要管的是现金流。短期管理不好，企业可能因周转不灵而突然脑死；长期管理不好企业将没有前途，搞不好就很有可能早早地夭折了。同理可知，家庭理财也是有长期与短期管理之分的。

所以说衡量一个人的生活富裕、安全度，不是看谁的钱多，而是看一个人如果不再工作，是否还能将生活质量维持在一个中高水平。所以幸福的消费者，在他们的理财道路上，往往都能找到一条适合自己的理财之道。

控制风险，理财投资要留后路

安全与保障是我们人生最大的需求。在人生的不同阶段我们会面临不同的财务需要和风险，由此产生的财务需求我们完全可以通过保险来安排。保险的功能在于提供生命的保障、转移风险、规划财务需要，如今已经成为一种非常重要的家庭理财方式。

一提起商业保险，相信很多人爱恨交加。爱是因为它是生活的必需，恨则是因为商业保险的条款过于复杂，让我们听上去是一头雾水，不知道如何选择。

其实，我们在挑选保险产品的时候首先需要考虑的是自己和家人处在人生的哪个阶段，有哪些需求是必需的，再根据不同阶段的不同需求，并且结合自己的家庭经济状况，选择最适合的保险产品。

保险首要的功能就是确保万一。保险具有将人们老、病、死、伤带来的经济风险转移给保险公司的功能，从而让我们保持生命的尊严，家庭保持正常的生活水平。

另外，保险又是一种规划家庭财务、稳健理财的有效工具，能够让人们在"计划经济"下获得一生的平安。与此同时，保险还具备了储蓄、避税、投资等功能。我们可以根据不同险种的不同功能，选择适合自己的产品。

当你从踏上红地毯的那一刻开始，你的家庭生活就拉开帷幕了。购房、购车、养育孩子、治病、养老，在整个历程中，都需要给家庭经济保留一条后路，要让家庭保持正常的生活水平，至少需要选好 5 张保单。

一、大病保单：封堵家庭财政的"黑洞"

很多理财专家都说，疾病是家庭财政的黑洞，足以让我们辛辛苦苦积攒下来的财富瞬间灰飞烟灭。而现行的医疗保障体系情况并不乐观。一方面，现有的医保制度是以广覆盖、低保障为基本原则的，而且随着参保人员的不断增加，保险受益则会越摊越薄。

另一方面，医药费用每年又在以一个不小的比例快速增长。这之间的差距无疑会给我们的家庭带来更沉重的经济负担，更何况医保还不能够百分之百报销，其中还有一些是自费项目、营养和护理等花费，所以看病的花费确实是一个无底洞。

购买商业重大疾病保险就是转移这种没钱看病的风险，及时获得经济保障的有效措施。

每一年将一部分钱存为大病保险，专款专用，这样一旦出现了风险，就能够获得保险公司的赔付，甚至会收到以小钱换大钱、使个人资产瞬时增值的效果，从而解决燃眉、救命之急。

二、人寿保单：爱的承诺，家的保障

日本有这样一种习俗，在订婚的时候，男方需要购买一张寿险保单，以女方作为受益人，这是一种爱与责任的体现。在西方很多国家也都有过类似的习惯，在结婚之后，夫妇双方各买一张以对方为受益人的保单，这样当自己出现意外的时候，爱人仍然可以在原有的经济保障下维持正常的生活。

花明天的钱、花银行的钱已经不再是生活的时尚了，已经成为生活的事实。虽然背着贷款的日子过得有滋有味，可是，一旦家庭经济支柱出现了问题，谁来还那几十万甚至更多的银行贷款呢？这个风险我们也可以通过人寿保单进行转移。开始贷款的时候，应该计算出家庭负债总额，再为家庭经济支柱购买一份同等金额的人寿保险。例如，贷款总额80万元，那么就为家庭经济支柱购买一份保额为80万元的人寿保险，这样一旦生活当中出现了保单条款当中约定的变故，那么就可以用保险公司的赔付金去偿还房贷与车贷。而这样一张保单就是为个人及家庭提供财富保障的。

三、养老保单：提前规划退休的生活

30年以后谁来养你呢？这已经是我们不能不考虑的问题了。我们努力工作、攒钱，习惯性地把剩余的钱存进银行，可是面对通货膨胀的压力，我们的存款实际上已经缩水了。而且，今后很有可能在未来出现两个孩子负担4个老人生活的局面，这样对于孩子而言无疑是一种巨大的压力。规划自己的养老问题，也是为儿女减轻负担的表现。

我们的社会保障当中也有一份基本的养老保险。个人缴费年限累计满15年，可以在退休后按月领取基本养老金，其金额取决于你和单位共同缴费的数额、缴费年数和退休时当地职工社会平均工资标准，可是这些仅仅只能够维持一般的生活。

如果希望在退休之后直至身故仍然能够维持高品质的生活，那么就可从参加工作开始买一份养老保险。养老保险兼具保障与储蓄功能，而且大多数都是分红型的，可以抵御通货膨胀，所得的养老金还能够免交个人所得税，因此这一险种是买得越早越便宜，收益也会越大。

四、教育及意外保单：孩子健康成长的财政支持

准备教育基金一般有两种方式：一种是教育费用预留基金，另一种方式则是购买一份万能寿险，存取灵活，而且另有红利返还，这样就可以作为大额的教育储备金。

儿童意外险是孩子的另一张必需的保单。因为儿童要比成年人更容易受到意外伤害。根据一项调查显示，仅2003年，北京就有5万名儿童受

到不同程度的伤害，而儿童意外险就能够为出意外的孩子提供医疗帮助。

五、遗产避税：不得不说的"身后"事

等到了 50 岁之后，需要考虑的就是遗产问题。遗产税是否开征虽然已经争论了很多年，但它是社会财富积累到一定阶段的必然，只是一个时间问题。除此之外，遗产税的税率很高，国内讨论中的税率大约为 40%，这对于很多人来说更是难以接受的事情。所以，保险避税已经成为很多中产人士的理财选择。

遗产避税可以选择两种保单，一种是养老金，另一种是万能寿险。因为无论被保险人在或不在，养老保险都是可以持续领取 20 年的。只要将受益人的名字写成子女，那么就可以在故去之后规避遗产税。

万能寿险也是同样的原理，将受益人写成孩子的名字。存第一次钱之后，就可以随时存，随时取。身故后所有的保险金也都将属于受益人。

11. 孩子的未来，一定要趁早替他做打算

教育基金，妈妈千万不要不上心

俗话说："父母之爱子，则为之计深远。"由于育儿费用和教育成本每年都在增加，为了缓解日后的生活压力，而且还能够保证孩子从幼儿起就能接受到良好的培养，不输在起跑线上，父母应该根据自身的经济条件，及早地为孩子做理财规划。

李锡铭经常会面对一堆的存折和卡费不断思考，因为现在很多银行都开办了教育储蓄免利息税储蓄，分为一年、三年、六年三个档次，一个户名能存 2 万元，最多可以享受 3 次免税政策，高中（中专）享受一次，大专和大学本科享受一次，硕士和博士研究生享受一次。这样一来，李锡铭给女儿准备的教育储蓄不仅有了保证，而且还能够享受比普通同档次定期储蓄存款多收入 5% 的利息收入。

除此之外，李锡铭还在一个银行账户上，采用零存整取的定期储蓄存款方式，每月定期往里存 3000 元，给女儿储备教育基金。除非特别必要，即负担不起昂贵的大学教育费用，李锡铭会选择把这笔资金一直保留到宝贝女儿长大直至结婚。

　　当然，李锡铭也不会告知女儿已为她奠定了物质保障，"穷养儿子富养女"虽然有道理，但是她不希望女儿长大后娇惯依赖，在现如今这个竞争性社会，栽培孩子，物质是必需的，但是更需要从小塑造其良好的性格习惯。性格决定一生，进而决定了孩子今后是有才还是无才。

　　在女儿3岁之前，李锡铭本着"最贵的未必是最好的"理念，摒弃一切不必要的浪费，每月孩子的费用支出保持在1000元以下。先前李锡铭在公公婆婆的帮助下，已经预备5万元用于女儿3岁前的日常开销。女儿3岁之后，李锡铭就将她送去了非常好的幼儿教育机构，并一直在发现女儿有什么方面的兴趣，好培养她的技能，就算这项技能将来不能够成为女儿谋生的手段，但是，至少可以陶冶情操。

　　分散配置教育金投资，对于低收入家庭来说教育储蓄是一个非常好的办法，但是手续比较烦琐，要求条款也比较多。

　　还有一个比较好的投资方法就是基金定投，如果作为孩子未来的教育投资，可能是10年或更长时间。基金定投作为一个长期投资产品有收益高、风险小的优势。假设每月定投1000元，平均收益率10%，20年后就会有大约76.5697元，作为教育金足够了。我们建议基金定投一定要分散风险，要分散投资市场，可以买一些QDII产品，当然也可以买一些海外基金，真正做到全球配置。这些海外基金在国外早已经发展成熟，投资于全球各大小市场，收益非常稳定，非常适合孩子未来教育金的资产配置。

　　另外，信托是一个被遗忘的教育投资方式。信托是一个很方便并且极具人性化的理财方式，姐妹们完全可以把资金委托信托公司投资、打理，用条款来约定反馈给孩子。

　　假设家长投资100万元，约定孩子在20岁的时候可以取出20万元创业、在25岁的时候取出50万元购置房产、在50岁的时候全部取出作为养老金。信托的灵活性很大，可以根据自身要求与信托公司进行约定，真正做到量身定制的效果。

确实，有很多东西虽然比较麻烦，但是只要你去做，就会发现事情也不像想象的那么复杂，而且你还可以从其中获得巨大的乐趣和安全感。

试想，如果有一天，你的孩子学业优秀，他有出国念名校的机会，父母却拿不出他的学费，这将是一件多么无奈的事情，因此，从现在开始存一笔教育基金吧，为孩子的将来做准备是非常有必要的。

若为孩子好，保险不可少

对于很多年轻的爸爸妈妈而言，孩子的到来给他们的生活带来了无尽的快乐，与此同时也带来了很大的经济压力。孩子的健康、教育等诸多问题都会接踵而来，让我们难以承受。那么如何才能够让孩子在生病的时候得到很好的治疗？如何才能够让孩子在受教育的时候能够享受相应的教育呢？如何才能够让孩子在遇到意外的时候能够有充足的现金提供保障呢？现如今市面上的保险品种如此之多，那么到底应该给孩子购买哪一种保险呢？如何购买才划算呢？

想要解决这些问题，首先，我们必须要了解一下有哪些少儿保险，不同的少儿保险需要解决哪些问题。

第一类是防止意外伤害保险。

当孩子在婴幼儿阶段的时候，自我保护意识差，人小力微也很难进行自我保护，基本上都是依赖爸爸妈妈的照顾和保护；当孩子上小学、中学阶段，虽然开始逐渐独立，渐渐地可以照顾自己，但是作为弱小群体，很多风险还是存在的。那么针对这些风险，父母应该酌情为孩子购买这类险种。一旦孩子发生意外之后，父母可以得到一定的经济赔偿，减轻家庭的负担。通常情况下，这一类的保险并不是很贵，一年往往只需要几百元就可以了，而且各个保险公司都有相应险种。

第二类是孩子的健康保险。

父母对于孩子的健康都非常关注。目前，重大疾病有年轻化、低龄化的趋向，重大疾病的高额医疗费用是每个家庭都难以承受的。因此，给孩子购买一份终身型的重大疾病险，不管是对于家庭还是孩子，这都是一件非常珍贵而且实在的礼物。

第三类是孩子的教育保险。

教育保险解决的问题主要是孩子未来上大学或者是出国留学的学费问题。现如今，教育支出越来越高，未来更是不可预测，父母对此都需要承担难以推卸的责任。因此，对于那些并不是很富裕的家庭而言，提前为孩子做一个财务规划和安排是非常有必要的。一旦父母发生意外，如果你已经购买了"可豁免保费"的保险产品，那么孩子在免交保费之外，还能够获得一份生活费。

宋女士为刚刚出生7个月的儿子投保了××子女教育保险，每年需要交保费4360元，交满15年之后，等到儿子15—17周岁时，每年可以领到5000元做高中教育金；18—21周岁时，每年可领15000元做大学教育金。假如孩子在21岁之前发生了意外，保险公司将按保单现金价值补偿给宋女士。

宋女士如果发生意外，不能够再照顾孩子，那么孩子可以每年领取2500元的生活费，直到21岁。而且还可以豁免保费，一旦宋女士在交费期内出现了意外，那么则可以免交以后各期保费。

因此，对于孩子而言，多一份保险，家长就会多一份安心。现如今市面上的众多教育类保险险种当中，比较受欢迎的是具有分红功能的教育保险。主要是因为，虽然相对于其他教育险种，分红型教育保险的保费要稍高一些，但是它每年可以享受到一定的分红。从某种角度上来说，分红型教育保险能够在一定程度上规避物价上涨带来的货币贬值风险，如果公司具有不错的盈利状况的话，还能够为家长带来更加可观的收入。

那么，我们应该如何购买保险才合理呢？

第一，尽早投保。

在过去，很多公司规定必须在 18 岁以上才能够购买重大疾病险，但是随着保险产品的越来越多，该险种对 16 岁以下的儿童早已经敞开了大门。例如，一个 1 岁以下的孩子，年交费只需 1000 元左右就可买到 10 万元的保障，而且这一保障是终身的。除此之外，从寿险费率的设定来看，投保的年龄越小，那么所缴保费就越低，因此购买寿险也就越划算。

在购买保险的时候，费用合适即可，并不是交费越高、交费期越长越好，我们需要根据自己的家庭经济状况量入为出。有一些险种看上去非常的好，可是仔细计算之后你会发现，其实它的费用是很高的，家长在选择的时候一定要擦亮眼睛，千万不要粗心大意；交费期太长也不是很好的，因为孩子长大之后他们自然会有他们的想法，至于那时他要买什么保险应该由孩子自己决定。另外，交费期限最好可以灵活一些，比如选择 1 年交、3 年交等，那样我们的选择就有更多的余地。

第二，组合多种保险。

随着经济的发展、卫生条件的改善，过去由于营养不良、感染性疾病导致儿童死亡的比例已经大大降低了，与此同时，由于意外伤害导致儿童受伤和死亡的数量却呈上升趋势。交通事故、烧烫伤、气管异物等几种意外伤害在孩子的成长过程中变得比较常见。

所以，父母在给孩子购买保险的时候，应该以健康保障为先，以教育保险为后，从而进行保险的组合，那样就可以在孩子的成长过程中建立更加坚实的保障。

柳芳，今年29岁，女儿8个月。柳芳和老公都有稳定的工作，刚买了房，有一辆汽车。由于柳芳希望给孩子一个全面保障，因此，一家人寿的专家为其女儿设计了一份保费从出生交至18岁的一种保险组合，提供教育、意外保障、医疗等组合保障。组合如下：太平锦绣前程少儿两全保险（4万保额）+附加大学教育金+阳光计划，年交费5792元。

保险利益：意外身故保险金10万元+大学教育金返还的保费及利息；疾病身故保险金4万元+大学教育金返还的保费及利息；大学教育金：从18岁至21岁每年返还2万元的教育金，合计8万；全残保险金：因意外导致残疾，最高领取67万元的全残保险金；到期生存金：28岁领取4万元的生存金；门诊医疗：医药费5000元+住院费3000元+住院津贴30元/天。

柳芳为孩子购买了这份保险组合，这让她非常的安心，因为，购买的保险组合已经给了孩子非常坚实的保障，即使出现了任何意外，也不用担心家里没有应急的钱。

第三，购买少儿保险时应该结合财务规划。

有一些家长在孩子刚刚出生的时候会给孩子购买了一箩筐的保险。在刚开始的几年，还可以交纳保费，可是随着时间的变动、家庭条件的变化，保费的交纳也发生着改变。如果遭遇父母失业、重大疾病等特殊情况，那么很有可能无法及时交纳孩子的教育保险基金。

假如在这个时候选择退保的话，那么前几年投入的保险费用肯定会受到损失；如果继续保持投险，可能家庭生活质量会发生变化。所以，在给孩子选择保险规划的时候，千万不要仅凭一时的热情，只看眼前的情况，一定要结合夫妻双方的实际财务状况，估计未来会发生的事情，避免盲目购买保险，以免影响到家庭的生活水平。业内人士认为，一般用年收入的10% ~ 20%购买保险是最合适的。

特别是随着宝宝的出生，夫妇双方都会明显感受到肩上的负担变重了。爸爸需要在外工作，妈妈也不能够完全把精力放在孩子身上。如果两头兼顾，自然需要承担非常大的生理及心理压力。所以，选择合适的保险不仅能够维护孩子健康成长的规划，更是整个家庭美满幸福的保障。

帮孩子理财，不如教孩子理财

现在的家庭一般都是独生子女，孩子基本都是家里的掌上明珠，家里所有人都围着孩子转，缺乏对孩子金钱意识的正确培养。如果孩子太喜欢钱了，那么肯定会钻到钱眼里，成为"小财迷"；如果孩子太不把钱当一回事，那么长大之后很有可能会成为"败家子"。因此，如何才能够让孩子从小就养成正确的理财观念，这对于家长来说是一件非常重要的事情。

想要培养孩子正确的理财观念，首先我们应该给孩子解释金钱是如何来的。千万不要让孩子觉得父母本身就很有钱，或者认为钱是从银行里面白白来的。实际生活中，有很多小孩只知道父母很有钱，只知道自己想要钱就能够从父母那里得到，其他什么都不去想。那么这样一来，我们怎么还能够期望孩子对金钱有一个正确的认识呢！因此，作为父母要告诉孩子，钱都是父母辛辛苦苦工作赚来的，这些钱都是要用于自己一家人的生活开支。我们还应该让孩子了解什么是财富，它能够用来干什么。我们千万不要觉得孩子还小，什么也不懂，或者觉得这些不关孩子的事，结果什么都不告诉他。

我们应该从小就教会孩子如何理财。孩子虽然不会赚钱，但是他的零花钱、压岁钱等都是一笔不小的财富。我们除了能够帮助孩子进行适当的管理之外，还应该告诉他们如何存钱和消费。比如，我们可以每周或者是每个月给孩子一笔固定的零花钱，并且要清楚地告诉孩子，这个钱要用多长时间，之后才可以拿到新发的钱，而在这期间是不可以向父母要钱的。当然，在刚开始的时候，我们可以以一周为节点，等到孩子慢慢习惯了，再逐渐把时间拉长为半个月、一个月等。这样的方式能够让孩子懂得节约，学会如何分配金钱。

有一次，王小姐把5元钱交给了她的儿子，并且告诉他："这是你一天的费用，你想买什么，你自己决定吧。但是不管什么情况，都不可以再找爸爸妈妈要钱。"儿子答应了，最后一天下来，儿子还剩下2元钱。

于是王小姐问儿子："你为什么要留下2元钱呢？"儿子回答说："妈妈，你一天只给我5元钱，我最多也只能够用5元钱，但是要是有一天我想买超过5元钱的东西，那怎么办呢？所以我必须每天学会省钱，这样以后我就可以买5元以上的东西了。"

王小姐明白了，不管是对于大人还是孩子而言，只有当钱归自己所有的时候，我们才会真正认识到钱的价值，也才能产生消费的有效需求。

在发现了这个秘密之后，王小姐于是就刻意把给钱的周期延长，周期从一天变成了一周，之后又延长为一个月。

其实，我们千万不要认为孩子什么都不懂，更不要低估孩子的能力，结果什么事情都不交给孩子去做。我们更不能因为孩子犯了一次错误，就不敢放开让孩子去尝试了。

在美国等一些西方国家，家长很早就开始注重培养孩子的独立意识、理财意识，他们的做法在一定程度上是值得我们学习的。

另外，我们想让孩子了解更多的理财知识，可以带孩子去银行亲自办理业务，这样就可以让孩子慢慢学会如何开户、存款以及取款等，而且这样还能够让孩子亲自感受到理财的神奇效果，从而激发孩子的理财兴趣。

当然，我们在规定了钱的周期之后，还应该教会孩子记账。在刚开始的时候，我们可以先带头示范，在孩子拿到零花钱的时候，帮助孩子把这个周期里所花的每一笔钱都记录下来，额外的支出也必须要记录清楚，之后让孩子去模仿。等几个月之后，我们就可以根据这份记录单了解孩子的消费倾向，以及孩子对于金钱的价值和感受。

假如在记账过程中出现了问题，我们还可以及时纠正，如果孩子做得很好，那么我们必须对孩子进行表扬。记账不仅可以很好地培养孩子良好的理财习惯和意识，更容易让孩子理解到父母挣钱的艰辛。

接下来我们还要教会如何教育孩子去花钱。在不同的阶段，孩子对消费的需求肯定是不同的，比如小时候想买玩具，而上了小学就想买电脑，上了初高中就想买时尚手机、笔记本电脑等。

作为家长，我们从孩子小时候就应该帮助其规划出花费时间表，并且帮助孩子估计他大概需要花多长时间就能够实现自己的目标。这样做能够让孩子建立合适的理财目标和投资观念。

当然了，如果孩子需要购买的东西很贵，仅仅凭借他自己的能力是很难买到的，那么我们也必须在金钱上帮助孩子。这个时候你可以告诉孩子："我可以帮助你，也可以借给你钱，但是这个还是算你自己买的好不好，等你以后有钱了再还我好不好？"

正所谓任何事情都需要有一个度，我们在教育孩子理财的问题上也不能够太过，让孩子懂得有借有还是很有必要的。但是，我们却可以灵活把握这一原则，比如在适当的时候可以把条件放宽一些，因为如果太过于执着，那么很可能只会让孩子认钱不认亲。

光教会孩子花钱肯定是不行的，还必须让孩子学会赚钱。这一点可以在孩子上初中、高中的时候教给他们。

有这样一个孩子，在家长的帮助下，做起了卖水果的生意。孩子从上家买回来的水果是 3 元一公斤，而卖给下家的价钱是 4 元一公斤。就这样，孩子通过这个生意赚了几百元。这虽然是一件很小的事情，但是在孩子的心理影响却是巨大的，从此他就有了这样一种理财意识：只要是商品就会存在差价，只要存在差价，就有赚钱的机会。

我们所做的这一切都是为了从小培养孩子的理财意识，也是为了孩子更好地发展。每一个父母都是爱孩子的，但是我们千万不能因为一时的溺爱，不顾孩子以后的发展。我们更不可能保护孩子一辈子，孩子终究要学会独立，因此，教会孩子理财，就是教给孩子生存的本领。

孩子的"钱"途，从零花钱开始

中国有个成语叫："因噎废食"。如果父母因为害怕孩子乱买东西，而不让他们得到零花钱这个学习理财的好机会，那么今后的情况可能真的就会像这个成语说的那样。

零花钱的功用，除了能够让孩子购买一些喜欢的东西之外，更主要是作为 FQ 理财训练的最佳工具。学习 FQ 理财与学习其他学科是一样的，如果在学习理论的过程中能够加入实践的机会，那么学习的效果必定是事半功倍的。尤其是对于年龄较小的孩子，只跟他们研究理论，是难以提起他们兴趣的；可是如果能够给孩子一些属于自己的钱，那么他们就可以更好地明白金钱的真正含义。

实际上，没有足够的消费行为，就无法好好地了解社会，更不知道金钱的可贵，更不用说创造财富了。因此父母给孩子零花钱，除了教导他们树立良好的金钱观念之外，更应该让他们学会理财之道。

虽然孩子日常大部分的开支主要还是由父母负责的，但是总有一些消费是能够让孩子自己决定的，比如购买零食等。父母与其给他买，倒不如把钱给他，让他自己购买。当然，零花钱的金额不宜过多，不然很容易让孩子觉得金钱来之容易，从而产生偏差的观念。

其实，孩子本身如何花费零花钱，应该尽量让他们自己决定，以便培养他们的独立能力。当然，这一过程是循序渐进，一步一步地，父母要慢慢给孩子越来越多的自主权。

心理学研究发现，哪怕是很小的孩子，也会因为自己有小钱包而感到自豪。不过，我们在给孩子零花钱之后，必须配合适当的安排，这样才能够发挥最佳的作用。如果是随便扔给孩子几张纸币，而不进行教导的话，只能适得其反。

说起零花钱，我们必须要说一说孩子的最大一笔零花钱——压岁钱。

帅帅妈妈从春节后就为帅帅的压岁钱如何处置一直闹心，当时正好看见某报举办的"富小孩理财计划"，很多家庭都通过这一活动得到了银行专业理财师的指点，帅帅妈倍感兴趣，于是立即联系上了该报的工作人员，希望理财师也能够帮助自己解决问题。

说到底，压岁钱本来都是亲戚朋友对孩子的祝福，但是现在这笔钱却让帅帅和妈妈闹起了别扭。

帅帅今年 12 岁，刚刚过去的春节帅帅收到了将近 5000 元的压岁钱，妈妈觉得这么多钱如果让帅帅拿着肯定不行，怕孩子乱花，于是全部收了起来自己保管。再加上前些年的一些积累，帅帅的压岁钱账户已经有将近 4 万元钱了。

但是，帅帅对于妈妈的这一举动非常不满，还因此一直跟妈妈闹别扭，坚决要自己管理。帅帅说，他的同学收到的压岁钱也很多，有一个小伙伴光今年就收到了近万元的压岁钱，还请大家去饭店大吃了一顿；另外一个朋友还说要请大家去看电影，就自己一毛不拔，太没面子了！

这件事情让帅帅妈忧心忡忡，既然把孩子的所有压岁钱缴公孩子不满意，那么到底如何管理帅帅的压岁钱，既能够让帅帅有自由支配的权利，又能够让他合理使用压岁钱，不乱花压岁钱呢？

其实，帅帅之所以和妈妈闹别扭，就是觉得压岁钱存在妈妈账户里就不是自己的了，这一下子让帅帅失去了归属感，帅帅妈应该转变方式，让孩子真正感觉到自己是压岁钱的主人。

很多孩子平时在家里要什么父母都尽量满足，这让孩子对理财没有概念，而且还不懂得节制。这就需要父母通过对孩子压岁钱的引导，培养他们正确的理财观念。

另外，作为孩子的监护人，家长一定要陪同孩子一起去银行网点办理业务，一方面可以借这一机会向孩子讲解理财的基本知识，还可以关注孩子的投资方向。

对于孩子零花钱的管理我们可以从以下几方面来进行：

一、商定好孩子平时的零花钱要由妈妈来支付，妈妈每个月可以往孩子自己的银行账户存入适当的零花钱，这个钱可以让孩子自己支配。

二、妈妈可以使用银行的"定期定额"转账功能将钱每个月打到孩子的账户上，孩子如果需要用钱就从自己账户中取，这样就可以在银行流水当中非常清楚地反映账户资金使用的情况。

三、妈妈要给孩子一本记账本，孩子必须在账本当中记录自己的每笔花费。

四、如果孩子大手大脚挥霍零花钱，那么每到月底，孩子自然会体会到入不敷出的痛苦了。此时妈妈就可以和孩子一起分析本月的消费，如果发现花费不合理的情况，妈妈可以委婉地对孩子指出，孩子经历了不合理的消费，慢慢就会开始积累自己的理财观念了。

这种管理孩子零花钱的方式有很多好处：首先，可以让孩子从内心主动管理自己的财产，让其有当家做主的感觉。其次，可以让孩子从小养成记账的好习惯，从而有效管理自己的财产。最后，虽然会经历一些不合理的消费，但是能够让孩子有意识地主动打理自己的财产。

帅帅妈通过对帅帅零花钱的管理，帅帅现在处理自己的零花钱已经不是问题了，不仅拥有了一笔不小的财富，而且还培养了自己的管理能力。

当孩子对金钱有了基本概念的时候，我们就可以给他们一个收入的来源，让孩子运用自己的金钱学习管理金钱的技巧。在第一次给孩子零花钱的时候，我们可以告诉他们："由于你已经长大了，所以从现在开始，当你再去商场的时候，就可以自己带着自己的钱，来买你想要的东西了，爸爸妈妈不再为你付款了！"之后你可以每星期一次，带着孩子到商场实习用钱。对于孩子而言，这将是非常有趣的经历。

帮助孩子形成正确的金钱观

在中国的传统教育中，小孩子是不能够接触钱的，在我们还是孩子的时候，肯定不知道爸爸妈妈每个月工资是多少。但是目前已是商品时代，孩子不可能不与金钱打交道。因此，对于每一个家庭而言，如何帮助孩子协调好欲望和资源之间的关系，能够真正培养一个有责任感的孩子，就成了新的课题。

从小培养孩子正确的金钱观、价值观，以及在金钱上的责任感，这要比给孩子留下多少钱重要得多，作为父母，千万不要让自己的溺爱害了孩子。

俗话说："金钱不是万能的，但是没有金钱又是万万不能的。"现在的我们已经无法离开金钱了。值得注意的是，在很多孩子中间已经形成了攀比风，开始追求名牌，追求享受，根本不懂得珍惜父母辛辛苦苦赚来的钱。这更加表明了培养孩子正确的金钱观的必要性，以及对孩子进行理财教育的重要性。那么我们应该如何培养孩子的金钱观和责任感呢？

一、按月给孩子零花钱，鼓励记账

培养孩子正确的金钱观首先从零花钱开始。父母不要给孩子太多的零花钱，能够保证孩子的日常开支，比如购买学习用品，以及保证孩子正当的娱乐开支，比如看电影、买零食即可。

另外，给孩子零花钱的时间要固定，建议一周一次。如果出现孩子零花钱提前花完的情况，那么就要让孩子告诉我们，为什么零花钱花完了，如果确实还有需要买的东西，那么钱必须从下周的零花钱中预支，这样就能够逐渐培养孩子的花钱计划性。

还可以让孩子通过做家务赚零花钱。比如可以规定周六、周日是孩子的工作日，让孩子参与到家务中来。需要注意的是，给孩子安排的劳动不要过重，不要过难，以免孩子完不成失去信心。另外，给孩子的劳动报酬也不要过多，可以以一元为单位。

关于孩子多大年龄给零花钱比较合适的问题，我建议当孩子 5 岁的时候就可以了。除了上述的方法之外，家长还可以每个月定期给孩子一笔零花钱，但是不要过多，零花钱让孩子自己去进行支配，这样才能够更好地培养孩子的理财意识，让他懂得如何合理运用、合理计划零花钱。

通常情况是刚开始的时候，孩子的零花钱没几天就花完了，这个时候家长一定要注意，不要再给孩子多余的零花钱。要让孩子明白一个月的零花钱就这么多，自己必须学会规划开支，这样慢慢地，孩子就会养成良好的消费观和理财观。

二、告诉孩子投资理财的重要性

一定要加强孩子的储蓄教育。比如孩子想买自己心爱的玩具，那么就要让孩子自己攒钱去买，这样才能够让孩子明白积少成多的道理。而且最后你会惊奇地发现，因为孩子要花自己攒的钱，所以他不会再随心所欲地去买很多、很贵的东西了。

现如今有的家长动不动就拿上千元，甚至更多的压岁钱给孩子，认为这些钱既然是孩子的，就应该让孩子自己去分配。还有一些家长恰恰相反，认为这些钱虽然是孩子的，但是由于孩子还小，所以自己先替孩子保管。

其实，以上的两种方法都是欠妥的。我们不如先帮助孩子打理这笔钱，比如用这笔钱进行基金定投，而且越小的孩子做基金定投越好，因为等到孩子上大学的时候，相信这笔钱已经收益可观了。

三、信用卡不让孩子随意刷

现如今信用卡已经随处可见，而且孩子透支信用卡的事情更是比比皆是，甚至有的孩子还因此走上了犯罪的道路。那么，我们到底应该如何培养孩子合理运用信用卡的习惯呢？

我发现很多家长在办卡的时候都会给孩子开一个附属卡，家长想着到时候还款非常方便，殊不知，这样很容易给孩子造成错误的观念，让孩子误以为信用卡是万能的，卡里面的钱是用不完的。

当然，如果需要还款，也应该让孩子用自己的钱还款，因为只有自己去还这笔钱，孩子才会有责任感，也才会意识到信用卡不是银行，是不能够随便刷卡的。

另外，父母也有义务告诉孩子，天上没有掉馅饼的好事，钱也不是大风刮来的，都是爸爸妈妈辛苦工作换来的。这样逐渐地，孩子才能够明白工作的艰苦不易。

金钱是一把双刃剑，只要我们教育好了，一定能够让孩子从金钱中学会生存的智慧，树立正确的价值观。

即使家庭有钱，也不要让孩子养成富裕病。从改革开放算起，这几十年我们的生活发生了翻天覆地的变化。而自打开放初期就创业的父母现如今已经步入知天命之年，他们的子女则已经长大成人，但是又有多少富家子弟真正成功地继承了家业呢？

其实，他们的花销并不少，每个周末各种娱乐项目，比如蹦迪、泡吧、K歌等几乎成了他们固定的节目，大家轮流做东，一个比一个出手大方，而且每个人拿的手机都是市场上的最新款。你问他们这么花钱合适吗？他们往往会说：我没有偷、没有抢，只是在力所能及的条件下享受生活而已，这又有什么不可以吗？甚至他们还会告诉你：每个人的命运是不一样的，有的人就需要加倍努力，但是有的人天生就有一个好爸爸和好妈妈，只需要稍微努力或者根本不用努力就衣食无忧了。

可是，当我们放眼望去，会发现我们周围有很多小孩，成天到晚都在疯狂地购物和花钱，追求奢侈的物质生活，甚至很多人以花钱来让自己获得满足感。

实际上，耶鲁大学的罗伯·连恩教授早在1970年就进行了一项"幸福的丧失"的研究，结果发现，当人们的需求与供给刚好对等的时候，愉悦感和满足感都是最强的。如果过多的供给反而会让我们比物质匮乏的时候更加失落，他们并不是因为有钱，花钱比别人多就能够感到幸福。

那么，我们作为父母，到底应该如何来防止孩子染上这种不良的"富贵病"呢？

一、教导孩子树立正确的金钱观念

中国老百姓经常说"富不过三代"，虽然实际上也有很多实例证实了这一说法，但是它绝对不是打不破的魔咒。当我们进行深入地了解就会发现，一些富裕好多代的家族对于后代如何处理财富是非常严谨的。比如，德国最老的投资银行梅兹勒家族富过三代的秘诀只有一个：不把孩子关进"金鸟笼"。他们的孩子上的学校是最普通的，每天也都是走路或者是坐校车，并且也与普通的孩子一起玩耍，一起生活。那么这样长时间下来，就会让孩子觉得自己和其他人没有什么两样。

二、不要给孩子留过多的钱

据统计，美国的百万富翁在10年内增长了400%，如今美国人对于财富却出现了反思浪潮。其实早在2003年，美国的320万名百万富翁中大约有60万人因为担心会宠坏孩子而将大笔财富捐出。连续13年蝉联《福布斯》全球富人排行榜第一名的微软创办人比尔·盖茨，他早在1999年就宣布，他和妻子将他们的两个孩子的遗产继承金额限制在了1亿美元之内。当时，比尔·盖茨的资产大约有五百多亿美元，但是却只留下了五百分之一给他的孩子，而剩余的财富则全部捐助给慈善机构以及社会福利事业。

因此，不要给孩子留下太多钱，这对于中国的父母来说也是一条非常有效的理财教育经验，正所谓切断退路才有出路，当孩子失去了依靠父母财富的心理，他才能够真正去努力。

三、教会孩子自力更生

世界上最富有的家族之一——沃尔玛集团的华顿家族，已逝的董事长山姆·华顿奉行的财富教育的核心理念是"劳动让人有价值"。

山姆·华顿从来不给孩子们零花钱，他有四个孩子，很小就开始自己打工，有的在商店里面擦地板，有的在仓库工作，而山姆·华顿则会根据孩子们工作的情况，按照其他工人的工资标准付给他们工资。

现任沃尔玛掌门人罗布森·华顿说："这些儿时的锻炼让我喜欢自力更生的感觉！"

正确的财富教育完全能够预防孩子童年富贵病的蔓延。少给孩子留一些遗产只是一种办法，而父母真正要做的则是教会孩子自力更生。德国汉堡大学心理学教授迈尔斯提出，现代父母应该教育孩子具备三大财富能力：正确运用金钱的能力、处理物质欲望的能力、了解匮乏与金钱极限的能力。

所有这些能力的背后最重要的思维就是对自己负责，能够自己去解决问题，自力更生，只有当孩子能够独当一面的时候，他才会懂得自己去挣钱。

好妈妈一定要让孩子会花钱

你的孩子真的清楚钱是如何来的吗？你是如何向孩子解释钱的问题？有很多父母对于这一问题非常苦恼，其实这些问题是完全可以给孩子讲清楚的，我们完全可以把金钱的知识融入孩子的日常生活中。我们可以从以下几方面来和孩子一起解决这些问题。

一、通过游戏让孩子认识金钱

对于 3 岁的孩子而言，他还不理解不同硬币的相应价值的，但是他依旧能够通过玩硬币游戏学习很多知识。我们可以给孩子一些硬币玩，但是要提醒孩子不要把硬币放到嘴里，并且向孩子指出不同硬币的面值，之后让他去找出你藏起来的硬币，或者让他数硬币的枚数，最后让孩子把这些硬币都存到储蓄罐里。硬币游戏能够提高孩子的运动机能，还能够提高孩子的数数、分类能力。

二、和孩子一起购物

当孩子 4 岁的时候，孩子开始对钱和购买之间的关系有所感知。这个时候，我们就可以向孩子传达一种观念：我们无法拥有我们想要的所有东西。

每一次和孩子一起购物之前，先要一起列出购物清单，可以让孩子多提一些建议，比如孩子想要多买一些牛奶、果汁、饼干等。

对于 4 岁的孩子而言，他们非常喜欢收集优惠券，家长可以和孩子一起把优惠券进行分类，比如饼干优惠券、饮料优惠券等，而且还可以向他解释，这些优惠券是可以让他再购买某些商品的时候少花钱，让孩子逐渐懂得合理消费。

另外，家长要让孩子和自己一起作出购买的决定。在买东西的时候，要多问问孩子的意见，或者是给他钱让他去挑选商品。而且在他挑选的时候，可以告诉他哪些商品现在进行促销，有优惠等。

还需要让孩子明白你为什么买和不买某件商品。当你不希望在某件商品上浪费太多金钱的时候，你就可以告诉孩子："宝贝，我虽然很喜欢这件东西，但是现在还不需要，所以就不买了。"这样就能够逐渐让孩子学会理智消费。

三、养成给孩子零花钱的习惯

为了培养孩子正确的消费观，孩子需要自己来控制金钱。我建议，当孩子5岁的时候，家长就可以给孩子适当的零花钱。那么到底应该给多少呢？通常情况一周的零花钱以一元为单位乘以孩子的年龄，也就是5元。

我们在给孩子零花钱之前，要让孩子明白，他可以把零花钱立即花掉，也可以存起来，作为自己期待已久的一个玩具的购买资金。这样一来，孩子很快会真正意识到，当他把零花钱花掉之后，就没有钱了。

四、让孩子会存钱

对于5岁的孩子而言，可能已经看过家长是如何使用自助取款机了，但是他还不明白钱怎么跑回机器里面去。而此时，家长不妨通过这样的方式告诉孩子："这个机器就好像是一个巨大的存钱罐，妈妈爸爸发工资了，就把钱放到这个存钱罐里面，当需要用钱的时候，我们就可以从这里面取一点儿出来，但是我们不能让这个存钱罐变得空空的，那样我们就取不出来钱了。"

五、父母做好榜样

孩子希望得到某些东西这很正常。但是，我们完全可以通过让孩子去帮助贫困的人等方式来降低其对物质的欲望，而且可以告诉孩子，爱心是最宝贵的财富，应该把做慈善当成生活的一部分，这样就会让孩子明白，金钱不仅可以购买东西，还能够帮助其他人改善生活。

12. 女人离婚，这一步的成本有多高？

无论如何，离婚都是一种破财

根据民政部提供的数据，2011年一季度，全国有46.5万对夫妻劳燕分飞，平均每天有5000对夫妻离婚，离婚率为14.6%。"狼"真的来了，中国的婚姻观正在发生着明显的改变，那么离婚对于感情不和的夫妻二人来说，真的是一种解脱吗？

小宁大学毕业后开始自己创业，经营一家规模不错的广告公司，而且还和老公在北京郊区买了一套300平方米的小别墅，开着奥迪车，每天的日子过得很悠闲。有空的时候，两人还经常出入一些高档场所，每年还会带家人出国旅游。可是，这一切在两人离婚之后就大不一样了。

在2010年的时候，小宁在一次业务交往过程中遇到了对方公司的员工张磊，两个人时间一长就有了感情。小宁觉得自己的老公没什么本事，而和张磊在一起之后感觉好多了，认为这才是真正的爱情。而张磊也是一个敢爱敢恨的男人，小宁离婚之后，立即与比她小10岁的张磊结婚。

由于离婚是小宁主动提出来的，离婚之后，小宁就搬出了别墅，与张磊在北京四环边上买了一套一百多平方米的房子，而车也换了，个人资产大大缩水。

但是婚后的生活，并不像小宁想象的那样。两人仅仅如胶似漆了半年时间，就开始了无休止的争吵。

张磊是一个控制欲很强的男人，而小宁则是一个散漫惯了的人，张磊对她的控制让小宁难以接受。有一次在争吵过程中，张磊居然对小宁大打出手，之后小宁隔三岔五就被张磊殴打，这种暴力倾向更让小宁忍无可忍，最终二人离婚。

由于这一次小宁没有进行婚前财产公证，于是小宁的财产就被张磊分走了很多，直接导致公司的资金吃紧。从那之后，小宁的广告公司开始急剧萎缩，公司也从之前的写字楼搬到了公寓。虽然小宁现在还是公司的老板，但是公司仅仅剩下 4 名员工，时刻面临着破产的危险。

当把一个家一分为二的时候，会涉及很多的财产问题，特别是对已经共同生活了很长时间的夫妻而言，家庭的公用财产经过分割会越来越少，从而产生方方面面的各种损失。离婚破财成为一种必然的结果。这并不是说结婚之后自己过得不幸福也不能离婚，而是告诉我们，身在幸福之中一定要懂得珍惜这份幸福。

不管在谈恋爱的时候多么浪漫，你一定要回到现实生活中来，千万不要因为一时的浪漫毁掉你的婚姻。

在百度上有一个非常流行的软件——"我的离婚计算器"，很多人都把它当成娱乐，加加减减，结果算出来的数字惊人，让人感慨。那么离婚我们都需要计算哪些费用呢？

一、财产分割

根据法律规定，夫妻财产一人一半，如果一方有赌博、家庭暴力、第三者等过错，另当别论。

二、租房费用

如果只有一套住房，那么女方很可能要另觅住处，假如父母不在身边，又没有多余的房子，离婚之后就只能够在外面租房子了。

三、诉讼费用

法院的诉讼费是有标准的，财产不满1万元的离婚案子，诉讼费用是50元；如果超过这一底线，按照财产总额，收取相应比例的诉讼费。

另外，离婚的律师费一般是1000～2000元。按照双方的财产多少，律师费也按比例收取，为1%～2%。如果是二次诉讼，就得准备两笔律师费用。

四、抚养费

如果有孩子的话，一方必须支付给带孩子的一方抚养费用，一般是工资的20%～30%。除此之外，在离婚过程中产生的误工费用以及离婚后的租房、买房费用也是相当大的一笔支出。

由此可以看出，离婚所要支付的成本，除了物质生活水平下降之外，还会有时间上、精力上、情绪上的损失。因此，一旦婚姻失败，所带来的损失绝对不亚于投资股票或者是房产的损失。

有人说，做好一生的理财规划，首先应该经营好自己的婚姻，因为幸福美满的婚姻才是财富稳定增长的基石，只有在婚姻健康的前提下，才可以实现家庭财富的最大化。那么，我们应该如何降低离婚的风险呢？

一、找一个想结婚的人

谈恋爱不就是为了结婚吗？可是现实并非这样，很多用乞求、哄骗、甚至是威胁等手段得到的婚姻是不能长久的。你要清楚地知道，并非谈恋爱就等于结婚了。要了解彼此的想法，一定要找一个真心想要结婚的，并且准备和你共度婚后生活的人。

二、"试婚"和"试离"

结婚前可先"试婚"，再决定结婚。离婚也可以采用"试离"，分居半年到一年以上的时间，再确定双方是否合适在一起，如果都不适合再离婚。

三、重要问题婚前谈妥

你们打算要几个孩子？你会如何去理财？这些问题在结婚之前都要考虑清楚。婚前教育或者婚前咨询可以帮助你解决这一问题。而且多方调查显示，经过这一过程的两人对婚姻有着更多的满足感和责任感。

四、不要忽略对方

当我们每一个人在提出意见或者建议的时候，总是带着自己很多的思维导向，所以，夫妻之间的建议不一定非要全听，但是合理的部分必须要听，如果全盘否定会让对方感觉到无奈和不满。

五、适时变化

婚姻生活也不是一成不变的，有很多突如其来的变化我们无法避免。比如宝宝的降临、工作的调动等，这些很有可能会让我们感到焦虑，感觉平静的生活被打破了。但是，我们需要根据不同的变化来调整我们的心理，学会维护婚姻的稳定。

六、尊重对方的兴趣爱好

我们要有自己的兴趣爱好，但是过分强调自己的兴趣爱好会导致生活的分离。一定要懂得参与对方或者双方都喜欢的活动。

婚前订协议，保障彼此的权益

曾经世界排名第一的网球明星海宁和皮埃尔·耶夫斯·哈德恩在 2008年 10 月办完了所有的离婚手续。据报道，皮埃尔·耶夫斯·哈德恩从海宁那里获得了高达650万欧元的分手费，除此之外，皮埃尔·耶夫斯·哈德恩还获得了一座位于摩纳哥的豪华别墅和一架私人飞机。

英国名流、剧作家翠西亚·沃尔什·史密斯为了报复负心的丈夫，曾经在网上公开了一段控诉丈夫背叛行为的视频，在当时的英国引起了轰动。离婚让翠西亚·沃尔什·史密斯被迫支付了4.5万美元的信用卡账单和很大一笔诉讼费，而且最后还被赶出了家门。对于她的遭遇，让很多同样失去婚姻和财产的女性记忆犹新。

由此可以看出，离婚的代价是巨大的。现在，很多女性都会通过婚前协议来保护她们的资产，那么这到底算是浪漫的终结，还是算应对离婚的明智之举呢？

其实，现代社会就是契约社会。越来越多的人变得更加现实，很多人的婚姻也是很复杂的。有的人是因为相爱结婚，有的人是因为家庭的压力而结婚，有的人则是贪图对方钱财而结婚。总而言之，如今的社会有太多的诱惑，离婚率也越来越高，所以婚前财产公证变得越来越有必要。如果没有进行婚前财产公证，也许就会出现以下的几种情况：

一、我们不能够否认，有一些人结婚就是为了获得一笔很大的财产，对于"有产一族"而言，如果在婚前不把财产问题解决好，那么将来的婚姻是很不稳定的，极容易出现功利婚姻。

小文出身医学世家，父母和兄妹都是医生，家庭条件很好。小文和老公离婚之后，就带着7岁的孩子和父母一起生活。到后来，她通过朋友介绍认识了小李，小李是军人，两人可以说是郎才女貌。两人结婚之后，小李转业被安排到了当地的工厂工作。可是他却嫌弃这份工作，不愿意去上班，自己也没有去找工作的打算，就这样，所有的开销都由小文来负责。等于小文养了小李两年。最后，小文实在受不了了，打算和小李离婚，但是由于没有进行婚前财产公证，最后小文的财产被分走了一半。

二、再婚夫妇如果不进行婚前财产公证，那么将来双方各自抚养儿女的费用、学费等问题就会接踵而至。再婚夫妇肯定都不希望为对方之前的家庭承担更多的责任，这样就会让他觉得是在分自己的羹，结果就会出现矛盾。

三、婚前财产公证也是给双方父母的一个交代。很多父母辛苦了一辈子为儿女购置了婚房，但是现在很多小两口的离婚率极高，离婚就意味着要分走一半的房产，如果不进行婚前财产公证，那么对于为儿女辛苦了一辈子的父母而言，实在是莫大的打击。

四、不进行婚前财产公证的夫妻在离婚的时候，也总是会遇到很多的麻烦。因为婚前没有梳理好各自的财产份额，就需要面对很多财产分配不公平的情况。

女人应该以更加现实的眼光来看待婚姻，特别是对于经济独立的女性更应如此。婚姻也是有风险的，在围城里面，受伤最重的通常是女性。所以，女人更应该学会在爱的同时，懂得保护自己。比如，通过婚前协议的方式约定不能够有家庭暴力，婚后谁掌握家庭财政大权，以及父母和孩子如何赡养和抚养等。有了婚前协议的约束，那么双方就会更加珍惜这份感情，也可以避免很多矛盾的发生。

其实，婚前协议是婚前的一份契约，一般包括婚姻破裂时不动产和动产的分配，以及配偶赡养费等问题。

虽然婚前协议听起来很不浪漫，但是这也是一种基本的财务决策。而且这一协议和浪漫是没有关系的。婚前协议可以带给我们更多的安全感，更加保护我们。特别是对婚姻寄予了浪漫憧憬的女人，更需要保护好自己的资产。

婚前协议最大的优点就是灵活性。根据《婚姻法》第十九条规定：夫妻可以约定婚姻关系存续期间所得的财产以及婚前财产归各自所有、共同

所有或部分各自所有、部分共同所有。也就是说，婚前协议既可以约定婚前财产归属权，也可以对将来婚后双方新产生的财产归属进行约定，如何约定全凭双方意愿。而财产公证则只能对各自婚前财产进行确认。

那么，该如何办理婚前财产公证呢？

一、准备材料

1. 个人的身份证明，如身份证、户口簿，已婚的还要带上结婚证。

2. 与约定内容有关的财产所有权证明，如房产证、未拿到产权证的购房合同和付款发票等能证明财产属性的证明等。

3. 双方已经草拟好的协议。协议书的内容一般包括：当事人的姓名、性别、职业、住址等个人基本情况，财产的名称、数量、价值、状况、归属，上述婚前财产的使用、维修、处分的原则等。一般双方当事人的签名和订约日期空缺，待公证员对协议进行审查和修改后，再在公证员面前签字。

二、公证申请

到公证处提出公证申请，填写公证的申请表格。需要注意的是，委托他人代理或是一个人来办婚前财产公证，是不会被受理的。

三、做公证谈话笔录

公证申请被接待公证员受理后，公证员就财产协议的内容、审查财产的权利证明、查问当事人的订约是否受到欺骗或误导，当事人应如实回答公证员的提问，公证员会履行必要的法律告知义务，告诉当事人签订财产协议后承担的法律义务和法律后果。当事人配合公证员做完公证谈话笔录后，在笔录上签字确认。

四、签署婚前财产协议书

双方当事人当着公证员的面在婚前财产协议书上签名。

这样，婚前财产公证的办证程序履行完毕。

重组家庭，必须做好家庭理财的重组和沟通

再婚家庭与一般婚姻家庭相比，存在一些独特的地方，因此，理财方式也是有区别的。中国有句俗话，"吃一堑长一智"，相信没有人愿意在同一个地方跌倒两次。因此，第二次婚姻显然会面临各种各样的挑战，如何处理好财政上的问题，这也是再婚家庭的重要一课。

丹丹在5年前和老公离婚了，自己带着女儿，而且在北京家具城租了个柜台开始做起了家具生意。就在3年前，45岁的她通过朋友介绍，有了人生的第二次婚姻。在刚开始的两年，她和第二任老公生活的还可以。但是后来两人就开始不断争吵，直到现在分居。原来导致两人吵架的导火索就是她背着现任的老公偷偷给女儿买了一套房子，这件事情最后被现任老公知道了，大发雷霆。

现在离婚率不断提升，而且再婚家庭的离婚率也呈现很高的态势，这其中很关键的原因就是家庭财务纠纷和子女的问题，而且在子女问题当中又包含了很多的财务问题。

可以说，再婚与第一次婚姻是不同的，再婚者需要面对心理、人际关系、家庭经济等很多问题和压力，而且再婚家庭中，财务问题是这些复杂关系的综合体现。那么，再婚家庭到底该如何理财呢？

一、为防止纠纷最好婚前财产公证

再婚家庭的理财在踏入第二次婚姻之前就应该拉开序幕。一定要分清楚

你我的财富，这样才能够在今后发生矛盾的时候找到清晰的法律证据。

当然，让一对正处于热恋中准备结婚的年轻人去进行婚前财产公证，相信在心理上是难以接受的。但是，再婚夫妻应该有这样的理性。再婚男人通常在事业上处于上升时期，并且已经积累了一定的物质基础，在结婚的同时等于是把这些物质也带入了婚姻生活，所以考虑婚前财产公证是很有必要的，而且也应该可以互相理解。

由于家庭财产本身具有不同的属性和特征，婚前财产公证是预防纠纷发生的最佳方式。我国法律规定，婚前一方的财产只属于一方所有。一旦婚后发生财产纠纷，房产证、私家车辆都可以找到时间证据，因为我国对此实行的是登记制度。有价证券等也可以依靠交易记录来作出归属判断。

但是，在很多家庭财产当中，有一些是无法界定所有权的，这种财产很容易发生纠纷，比如夫妻二人共同经营的公司等，由于这些资产的变动性很强，在事后难以判断婚前的价值。还有银行的存单，如果没有变动，那么我们可以通过存款的时间进行判定，但是如果在婚后发生了转存等情况，那么就难以说清楚了。

关于婚前财产公证有几种模式，可以自己列好财产清单，夫妻二人一起到公证处进行公证；也可以请律师拟一个婚前财产协议，做一份律师见证。现在，很多有钱人再婚都会采取律师写见证书的模式，一来比较隐蔽，二来律师见证费用比公证费用低很多。

二、房产证上慎重加名字

房产问题也是再婚家庭中很容易产生纠纷的问题之一。

刘萍和刘鹏二人在很早之前就认识了，刘鹏也曾经很多次帮助过刘萍。在刘萍中年丧夫之后，刘鹏也毅然结束了自己的一段婚姻，与刘萍结婚，而且还悉心照顾她的饮食起居，两人的婚后感情生活非常好。

在两人结婚之后，还共同买了一套房子，再加上刘萍还有一套老房子，现在正面临着拆迁，于是就把刘鹏的户口也转到了这套老房子上。

一年前，刘萍的儿子大学毕业了，刘萍想让孩子搬回家来住，可是没有想到，儿子和刘鹏的生活方式差异太大，经常会出现不愉快的情况，没有办法，刘萍只好让儿子到外面租房住。

最后刘萍和刘鹏两人还是决定协商离婚，在离婚的过程中，因为刘鹏将自己的户口转移到了刘萍之前的那套老房子上，所以，刘鹏对这套老房子也有居住权和使用权。刘萍为了能够顺利离婚，被迫做出了让步，最后协商的结果是，刘鹏将刘萍购置新房的款项退还给她，新房归刘鹏所有，刘鹏把自己的户口转移到这个新房上。

就这样，刘萍因此丧失了新房增值部分的权益，她看到最近房子价格猛涨，心里也非常不是滋味。但是刘萍后悔也没有用，如果不解决好新房的所有权问题，那么离婚是很麻烦的。

从这个故事我们发现，再婚家庭当中，往往一方或者双方都有婚前的房产，因此专家建议，不管是婚前财产是否公证，都不要轻易在婚前房产的房产证上面加上对方的名字，更不要轻易把对方的户口迁往婚前房产处。因为一旦房产证上面加上了对方的名字，那么对方就可以对该房产提出权利诉求，而户口在此也可以对房子提出居住权和使用权。对于婚前房产，若不需要出售以便重新购买新房，也没有其他特殊情况，还是完完全全留在自己手里比较保险。

三、婚后财产公开

在经济条件允许的情况下，尽量保持婚前财产是应该的，但是当两颗曾经受过伤的心再一次走到一起的时候，自然都希望后半辈子能够相依相爱，白头偕老，所以互相信任是非常关键的。一旦彼此缺乏信任，再婚的生活必定是一潭死水。专家建议，二人的财务最好能够合二为一，这里的"合"并不是说一定要完全放在一个共同的账户当中。"合一"是要公开透

明，共同规划。

由于两人需要赡养老人，而且还要抚养跟随自己和不跟随自己的孩子，再婚双方在单方支出方面有可能多或者少，但这绝对不是问题，也不会影响两个人一起对家庭经济做预算和规划。只要两颗心在一起，那么一定可以把婚后的共同财产管理好。

除此之外，再婚家庭夫妻二人的理财观念很有可能是不同的。婚姻当中总有一个人因钱的问题更加敏感，或者是生活更加节俭一些。所以，专家建议夫妻二人应该对家庭的财政问题多进行沟通，可以采取定期召开家庭财产会议等方式，取长补短，这样才可以让家庭关系更加稳定，让夫妻二人的关系更加和谐。

与此同时，为了方便开支，也可以在婚后建立一个用于日常开支的共同账户，这样就可以很好地防止各自藏私房钱的情况，让夫妻二人更加彼此信任。

总之，再婚双方彼此一定要珍惜这个家庭，在个人财务上，双方一定要以诚相待，不要相互保留和隐瞒，注重加强家庭理财的交流和沟通。

再婚家庭理财问题的几点建议

说起家庭情景热播剧《家有儿女》，相信很多人都不陌生。两个离异的人带着各自的孩子，重新组成一个新的家庭。当然，再风平浪静的家庭也免不了会有摩擦，但剧中刘星他们一家子还是其乐融融的时候居多。现实中，离异人员重组家庭的也不少，但是否也像电视剧里演的那样每天都乐乐呵呵的呢？恐怕未必，现实生活永远比电视剧情更加复杂。

王婷婷离婚之后，独自带着6岁的儿子生活。在一次朋友聚会中，她认识了同样离异的杨先生。或许因为"同是天涯沦落人"吧，很快他们就熟悉起来，彼此交往了一段时间，感觉性格还算相投，于是在一年之后，杨先生带着一对10岁的双胞胎女儿，王婷婷带着儿子，共同组成了一个新的五口之家。

与电视剧中的轻松和谐不同，王婷婷的新家庭首先面临的第一危机就是经济危机。杨先生在某私企任部门主管，税后月收入一万多元，每月还有两千多元的房贷。王婷婷是一名大学老师，每月的收入有四千多元，前夫每月还会给3000块钱的赡养费。尽管两人月入近2万元，但3个子女的生活费用、教育费用还是让这个新家庭多少有点儿力不从心。

再婚家庭中，子女一般都在两个左右，庞大的教育花费可以说是家庭支出的重头戏。据相关数据统计，从2000年至2008年的8年间，父母花费在一个孩子身上的教育费用涨幅高达160.5%，年均增幅达到了惊人的30%。而在王婷婷与杨先生的重组家庭中，有3个都在上学的孩子。除了为孩子提供高额的教育经费，他们还得关注孩子的健康问题。

在这样的家庭当好理财顾问，可真不是一件容易的事情。

一、保证孩子的教育经费

因为是教育储备，这就要求资金一定要安全，哪怕收益不是最高，只要能连续获得就可以了。最好是选择有保底收益的产品，这样就相当于给这部分资金安全上了一把锁。

二、孩子的健康保障要充足

健康的身体是孩子快乐成才的前提，给孩子买保险，不仅要考虑到为孩子的成长提供安全的财务保障，还要针对孩子的健康需求，提供高额的重疾保障。给孩子购买的保险产品，除了包括保险行业协会规范定义的25种重大疾病，还要包括其他少儿常见的重疾。随着孩子渐渐长大，保障的疾病内容可以自动转换。

三、做一些金融投资

鉴于杨先生夫妇没有时间又缺乏股票投资的经验，建议他们通过购买开放式基金的方式来进行理财投资。让专家帮助理财，好过自己"摸着石头过河"。

四、留足家庭现金储备

家里至少保留2万元的现金储备，以备不时之需。

五、妥善处理房产问题

王婷婷和杨先生二人都有婚前房产，房产问题是再婚家庭最容易产生纠纷的问题之一。建议二人在婚前进行公证，不要轻易在婚前房产的房产证上添加对方名字。这与彼此是否信任无关，只是为了最大限度地保护任意一方的既得利益。

六、妥善处理孩子的零花钱问题

再婚家庭理财中还有一个很重要的部分，就是对待未成年子女的零花钱问题。对于没有跟随在自己身边的孩子，双方可以根据自己的实际情况来选择支出方式。但是，对于生活在同一屋檐下两个甚至多个没有血缘关系的兄弟姐妹，应该一视同仁。否则，孩子们难免有意见，从而影响大人之间的感情。

此外，为方便个人开支起见，杨先生夫妇不妨在婚后设立一个用于现在家庭使用的共同账户，同时每人再设一个属于自己的个人账户，以方便解决原有婚姻关系遗留下的经济支出问题。这种有分有合的理财方式既相对集中，又相对独立，并非为了存私房钱，而是表明互相信任和体贴。分合适度，才是再婚生活中理财的至高境界。

离异女性走出财务困境的几大妙招

　　小王今年 30 岁，在一家企业做营销工作，每月收入 3500 元左右，由于感情问题，她打算和老公离婚。按照协议，刚刚上小学的女儿归小王抚养，一套三居室的房子也归她所有，但是房子的贷款也需要她还。

　　小王为了能够让女儿有更好的生活，她开始拼命工作。可是，小王和女儿每个月的日常开销都在 2000 元左右，而且每月还有近两千多元的房贷，再加上女儿的教育费用不断增加，小王感觉自己的压力越来越大，甚至产生了卖房子的念头。

　　小王的一位朋友是一名理财师，她听了小王的情况之后，认为小王过于保守了。虽然小王的想法是好的，但是这样过于保守的理财方式很容易导致"负收益"。特别是当小王按照 5.04% 的年利率来偿还房贷，而现金类的资产在银行只能够享受每年 2% 左右的利率，就仅仅这一项，小王每年形成的理财亏损就高达 1500 元左右。如果我们再考虑到每年 4% 左右的通货膨胀率，那么等到小王退休的时候恐怕真的只能喝粥度日了。因此，小王的朋友给她提出了几点建议：

　　一、房子不要卖，应该通过其他方式来减轻还贷压力

　　对于离婚的女性而言，生存和竞争的压力确实是很大的。而自己拥有一套房子，这样更有利于自己心理上的放松。因此，小王现在的房子是应该保留的，虽然还贷压力比较大，但是却可以通过其他方式进行适当

减压。比如小王可以先将手中的 5 万元定期存款和购买的国债办理提前支取，用来提前偿还一部分贷款。这样通过调整之后，小王每月的房贷还款额是之前的一半，压力顿时变小了很多。

二、做好后续收入的打理工作

1. 为女儿办理教育储蓄。教育储蓄具有利率优惠方面的优势。小王可以为孩子开立一个 5 年期的教育储蓄账户，每个月存入 250 元左右，那么等到小王的女儿上大学的时候，差不多就有 2 万多元了。

2. 购买定期定额型基金。小王可以将自己代发工资的存折作为自动扣款的账户，可以与基金销售机构约定每月在一定日期从工资账户中扣除 1500 元购买开放式基金，这样的方式其实就和滚雪球一样，会让资本和收益变得越来越大。

3. 适当购买保险，这样可以增加抵御风险的能力。从小王目前的情况看，适合购买健康保险。当然也可以购买集三种功能为一身的分红险种，从而提高家庭的综合保障能力和理财收益。

除此之外，小王还可以为自己购买一份人身意外保险，女儿是最后受益人，这样就可以为孩子撑起一把保护伞。

从小王的故事我们可以看出，理财规划并不是简单地让小王变成只知道投资，而不花钱的守财奴。恰恰相反，是让小王通过完善的理财计划，能够更多地支配金钱，为今后的生活提供充足的保障。

众所周知，离婚对于女性的伤害远远要大于男人。女人的家庭属性决定了女人会疏于保护本来应该属于自己的财产，一旦出现离婚情况，《婚姻法》和《妇女权益保障法》中规定的妇女的财产权在离婚时也很难得到保障。再加上女人的职业与孩子的教育，让离婚的女人身心俱疲。

如果感情破裂已经成为定局，那么在失去感情的时候，一定要学会保护自己的财产，这等于是在保护自己的未来，而且这也是所有离婚女性不能够逃避的问题。

一、离婚前的三大财政措施

1. 搜集夫妻二人共同财产的凭证。家里面的存折卡号、工资卡号、股票、基金账号等，应该将这些单据复印了留底。对于房产证、购车协议等大额的不动产，则尽量保存原件。假如不能，那么也要妥善保管好复印件。

2. 防止其中一方隐匿共同财产。很多女性对自己的老公非常信任，认为他是不可能做出这样的事情的，因此掉以轻心，结果在离婚中让自己的财产受到了损失。所以，女人一定要非常仔细地观察老公，看看其有没有隐匿转移财产的行为。

3. 冻结财产。如果你发现对方已经开始转移财产了，那么一定要主动采取行动，可以请律师在提起诉讼之前在对方毫不知情的情况下，申请财产保护，比如冻结房产、汽车、存款账户、股票账户等，当这些财产被冻结之后，人民法院开庭审理案件的时候，这些财产就可以依法分割。

二、单亲妈妈要为自己购买保险

这里说的保险指的是加强意外险和重大疾病险，而且还应该根据自己的经济情况，补充人寿险、养老险，分红型年金险等组合险种，投保的比例应比普通已婚女性更高。

三、尽量少逛商场

女人只要去逛商场，很少会空手而归的，因此，想要留住手中的钱，那么就一定要严格地控制好自己逛商场的次数。

四、进行职业规划

单亲妈妈的工作是家庭的唯一经济支柱，尤其是对于年轻的单亲妈妈而言，一定要做好职业规划，而且还需要通过进修等方式不断提高自己，逐渐积累良好的经济基础。

五、手中如有积蓄，应该进行投资

建议可以通过基金定投、黄金定投等方式进行长期的理财。就像小王这样的情况，是完全可以通过合适的投资理财逐渐积累财富的。当然，如果财富已经积累到了一定地步，那么就可以考虑其他投资理财的产品，比如房地产、信托等。

六、养成"先存钱、后消费"的理财习惯

"今天花明天的钱""月光族""年清族"等这些是现在很普遍的现象，但是这些并不适合单亲妈妈。对于单亲妈妈而言，正确的理财习惯应该是每个月固定存下一笔钱，再去规划剩下的钱如何使用，这样才能够避免一些不必要的花销，尤其是对于经济基础比较薄弱的单亲妈妈而言，一定要养成"先存钱、后消费"的理财习惯。

七、为养老做准备

不管单亲妈妈有没有再婚的打算，都应该提前为养老做准备。通常养老的资金需求都是在 10 年之后，所以采用基金定投的方式是最好的。如果从分散风险的角度来看，在选择基金定投的时候可以考虑购买一些养老保险。

实际上，养老和子女教育完全可以一起进行。最简单的模式是：根据资金的情况，进行几个基金定投，之后再购买一些分红险，并且随着经济实力的增加而加大投资。当需要子女教育金的时候，可以先拿出分红险的钱，如果不够还可以拿出一部分基金定投的钱，这样可以做到灵活分配。

附　录　理财投资必备表格

1.收入来源表

家庭收入来源	金额（人民币元）	日期/摘要
工薪收入 1		
工薪收入 2		
工薪收入 3		
额外津贴		
自营业务收入		
利息收入		
股息收入		
红利收入		
第一页收入		
专利权收入		
子女抚养费收入		
计划收入		
失业保险收入		
社会保险收入		
养老金收入		
年金收入		
伤残保险收入		
现金礼物收入		
信托基金收入		
稿酬收入		
劳务报酬		
租赁所得		

家庭收入来源	金额（人民币元）	日期/摘要
财产转让收入		
其他收入 1		
其他收入 2		
第二页合计		
总计		

2.年计划支出核对表

年计划支出项目	预计支出金额	实际支出金额	实际支出日期
住房贷款			
汽车贷款			
人寿保险			
健康保险			
伤残保险			
财产保险			
子女教育支出			
大学教育储蓄			
应急准备金			
医疗费用			
退休金			
合计			

3.月计划收入支出表

预计本月收入		金额	
		摘要	
本月计划支出	吃	金额	
		摘要	
	穿	金额	
		摘要	
	住	金额	
		摘要	
	用	金额	
		摘要	
	行	金额	
		摘要	
	其他	金额	
		摘要	
	储蓄	定期	
		活期	
	节余	总计	

4.一次性大额支出计划表

必须支出项目	年度预计支出金额	月度预计支出金额
住房贷款		÷12=
汽车贷款		÷12=
财产保险支出		÷12=
房屋维修费用		÷12=
家具更新		÷12=
大件耐用消费品支出		÷12=
医疗费用支出		÷12=
健康保险支出		÷12=
人寿保险支出		÷12=
伤残保险支出		÷12=
汽车保险支出		÷12=
汽车修理费用／牌照费用		÷12=
服装支出		÷12=
子女学费支出		÷12=
银行贷款支出		÷12=
休假支出		÷12=
礼品支出		÷12=
应急性支出		÷12=
其他支出		÷12=

5.每月现金实际支出表

项目		预算支出	小计	实际支出	占实际收入（　）%
储蓄支出	应急基金				
	退休金				
	教育基金				
房屋支出	第一抵押				
	第二抵押				
	房地产税				
	财产保险				
	房屋修理费				
	家具更新				
	其他房屋费用				
家电等耐用支出					
公用事业费	电费				
	水费				
	暖气费				
	煤气费				
	电话费				
	垃圾处理费				
	物业管理费				
	传真费				
食物支出	食品支出				
	外餐支出				
交通支出	汽车支出				
	汽油费				
	修理和轮胎费				
	汽车保险费				
	执照和牌照费				
	其他交通费用				

项目		预算支出	小计	实际支出	占实际收入 ( ) %
服装 支出	孩子服装支出				
	成人服装支出				
	服装洗涤支出				
娱乐 支出	娱乐节目支出				
	休假旅游支出				
医疗保健支出	伤残保险支出				
	健康保险支出				
	医生就诊费				
	牙医费				
	配镜费				
	药品支出				
	其他支出				
个人费用支出	人寿保险支出				
	托儿费				
	保姆费				
	化妆品支出				
	美容支出				
	美发支出				
	教育支出				
	学习用品支出				
	抚养费				
	报刊订阅支出				
	会费				
	礼品支出				
	杂费支出				
	临时性支出				
债务 支出	信用卡支出 1				
	信用卡支出 2				
	学生贷款支出				
	其他债务支出				
其他支出					
第二页合计					

项目	预算支出	小计	实际支出	占实际收入（ ）%
第一页合计				
总计				
与收入总差额				

6.收支平衡表

项目/摘要	资产—负债=平衡		
不动产1			
不动产2			
汽车			
手持现金			
支票账户1			
支票账户2			
存款账户1			
存款账户2			
货币市场账户			
共同基金账户			
退休金			
手持股票或债券			
现金（保险）			
家庭日常消费支出			
珠宝支出			
古玩支出			
邮币卡支出			
无担保债务（负数）			
信用卡债务（负数）			
其他支出1			
其他支出2			
合计			

7.储蓄分类表

储蓄项目	每月储蓄时间	储蓄金额	季度平衡金额
应急基金			
退休金			
教育基金			
家庭房屋维修			
住房贷款			
家具更新			
汽车贷款			
伤残贷款			
健康保险			
医疗费			
人寿保险			
教育费用			
学习用品			
度假旅游			
固定储蓄			
其他款项			
合计			

8.收支全年汇总表

（1）收入支出明细表

消费项目		一月	二月	三月	四月	五月	六月	七月	八月	九月	十月	十一月	十二月	总计
房屋	抵押													
	保险													
	税													
	修缮													
	外部修整													
	内部修整													
	其他													
	总计													
家庭支出	燃气费													
	电费													
	水费													
	取暖费													
	电话费													
	有线电视													
	其他													
	总计													

消费项目		一月	二月	三月	四月	五月	六月	七月	八月	九月	十月	十一月	十二月	总计
食物	食品杂货													
	在外用餐													
	其他													
	总计													
疗养﹑娱乐	度假													
	旅游													
	俱乐部													
	音乐会													
	电影													
	其他													
	总计													
汽车	购车													
	汽油													
	修理													
	保险													
	总计													
医院	就诊													
	药品													
	总计													
个人必需	理发													
	化妆品													
	洗浴													
	订购													
	其他													
	总计													

续表

消费项目		一月	二月	三月	四月	五月	六月	七月	八月	九月	十月	十一月	十二月	总计
服装	购买													
	洗衣													
	其他													
	总计													
慈善\礼仪	礼品													
	捐款													
	赈灾													
	其他													
储蓄投资	储蓄													
	保险													
	总计													
总计														

（2）支出概况表

消费项目	本年总计	占收入百分比	不同收入水平的建议百分比（RMB）		
			< 2000	2000 ～ 10000	> 10000
房屋			30%	35%	35%
家庭支出			17%	15%	8%
食物			17%	15%	12
疗养与娱乐			2%	2%	4%
汽车			10%	8%	6%
医疗			3%	3%	3%
个人必需			9%	7%	2%
服装			5%	8%	8%
储蓄和投资			10%	13%	7%
其他			4%	4%	5%
总计			100%	100%	100%